我们一起解决问题

ITエンジニアのための
機械学習理論入門

机器学习入门之道

[日]中井悦司◎著　姚待艳◎译

人民邮电出版社
北京

图书在版编目（CIP）数据

机器学习入门之道 /（日）中井悦司著；姚待艳译
. 北京：人民邮电出版社，2018.5（2020.5重印）
ISBN 978-7-115-47934-1

Ⅰ. ①机… Ⅱ. ①中… ②姚… Ⅲ. ①机器学习
Ⅳ. ① TP181

中国版本图书馆 CIP 数据核字（2018）第 032931 号

内 容 提 要

人工智能正在形成一股新的浪潮，它将从技术、经济、社会等各个层面改变我们的工作和生活方式。作为实现人工智能的重要技术，机器学习正在受到人工智能专家之外的更广泛人群的关注，想要了解机器学习相关知识和技术的人日益增多。

本书紧紧围绕“机器学习的商业应用”这个主题，从数学原理上解释了机器学习的一些基础算法，如最小二乘法、最优推断法、感知器、Logistic 回归、*K* 均值算法、EM 算法、贝叶斯推断等。全书的主旨在于帮助读者理解机器学习的本质，因此作者介绍具体的例题时，基本的着眼点是教会读者使用什么样的思维方式，以及如何进行计算，为读者探索更加复杂的深度学习领域或神经网络算法打下坚实的基础。

本书适合所有对机器学习感兴趣的读者阅读，尤其适合具备一定数学基础的 IT 工程师阅读，也可作为高等院校相关专业师生的参考读物。

◆ 著 ［日］中井悦司
译 姚待艳
责任编辑 陈 宏
责任印制 焦志炜
◆ 人民邮电出版社出版发行 北京市丰台区成寿寺路 11 号
邮编 100164 电子邮件 315@ptpress.com.cn
网址 http://www.ptpress.com.cn
北京捷迅佳彩印刷有限公司印刷
◆ 开本：700×1000 1/16
印张：14 2018 年 5 月第 1 版
字数：180 千字 2020 年 5 月北京第 7 次印刷
著作权合同登记号 图字：01-2016-5087

定价：59.00 元

读者服务热线：（010）81055656 印装质量热线：（010）81055316
反盗版热线：（010）81055315
广告经营许可证：京东工商广登字 20170147 号

自 序

差不多一年前，我就产生了这样一个怀疑——从事机器学习相关领域工作的 IT 工程师可能会以超过预想的速度不断增加。从“数据科学”到“深度学习”，甚至是“人工智能”，全都充斥着流行媒体，即使对不是从事数据分析的普通 IT 工程师来说，期待已久的机器学习应用时代也已经到来了。当今甚至还有机构宣称自己可以提供“无需专业知识也能使用”的机器学习服务。

但是，这里面有很大的陷阱。市面上各种关于机器学习的工具和程序库都是开源的，好像谁都可以掌握机器学习，输入数据、运行程序就可以得出一定的结果。可是，这样的结果到底有什么“意义”呢？既然是把机器学习的结果应用到商业领域，就必须理解其中的算法并正确掌握结果所传达的含义。

本书始终围绕“机器学习的商业应用”这个主题，从原理上解释了机器学习的基础算法。对于具体的例题，本书从“使用什么样的思维方式以及如何进行计算”的视角展开详细说明。因此，本书旨在帮助读者理解机器学习以及数据科学的本质。机器学习涵盖了各种各样的算法，本质上算法之间具有一个共通的思维方式，即“数据建模和参数调优”。本书把这种思维方式作为重点，尽量以通俗易懂的语言对各种数学公式进行说明。如果读者能够理解这种观点，那么面对本书没有涵盖的、更加复杂的深度学习或神经网络算法时，至少不会有畏难情绪。

“正在头疼于为委托方制定机器学习的商业应用方案”“突然决定参加销售额分析应用软件的开发项目”，我从 IT 工程师朋友那里听到了这样的声音，这引发了本文开头的那个怀疑。当今时代，如果能理解并熟练运用机器学习技术，IT 工程师们就能获得开启新的职业道路的机会。

最重要的是，机器学习中蕴含的趣味性可以充分满足 IT 工程师对知识的好奇心和对技术的探究之心。希望本书的读者都能以本书为起点，成功地踏出迈向机器学习世界的第一步。

2015 年初秋

中井悦司

写给读者的话

本书面向的主要读者是希望理解机器学习算法背后的原理并将机器学习灵活运用到商业领域中的 IT 工程师。机器学习有各种用途，本书将从数据分析的视角出发，对各种算法进行解释说明。但请各位读者注意，本书并非介绍机器学习工具和程序库使用方法的书籍。

本书采用的大部分例题都可以说是机器学习领域的经典例子，引用自下面的书籍：

C. M. Bishop. 模式识别和机器学习（上下册）. 东京：丸善出版社，2012.

虽然打开这本书的各位已经决定通过这本书学习机器学习，但很有可能一些读者并不能深入理解其中的原理。本书的读者当然并不局限于 IT 工程师，这本书也可以作为读者突破“权威经典”的入门书籍。

本书的阅读方法

本书将对机器学习的各种算法进行系统的介绍，请从第 1 章开始按顺序阅读。在第 1 章中，为了明确“机器学习的商业应用”这个主题，我会把机器学习放在体系更庞大的数据科学中进行介绍。在之后的第 2 章至第 8 章中，我将具体的算法应用到了第 1 章介绍过的具有代表性的例题中。我会对同一个问题应用不同的算法，这能让读者理解各种算法的特征并掌握通用的思考方法。

此外，本书还提供了用 Python 编写的各个算法的可运行示例代码。运行示例代码并观察具体的输出结果，就可以捕捉到数学公式无法呈现出来的算法的本质。

当然，要想理解机器学习的算法，就必须具备一定程度的数学知识。

本书尽量以“该数学公式用于什么计算”这种通俗易懂的方式进行解释，如果读者具备大学初级程度的数学知识，就能顺畅地理解书中内容。对机器学习相关的数学知识感兴趣的读者，可阅读微积分、线性代数和概率统计方面的书籍。

最后，针对“已经有将近10年没有碰过数学了”的读者，本书使用的主要数学符号和基本公式都归纳总结在了接下来的几页。需要的话，读者可以参考这部分内容。

致 谢

在此向在本书的撰写和出版过程中给我提供过帮助的各位表示衷心的感谢。

本书的策划萌芽于技术评论出版社池本公平先生的提案。感谢各位对我的机器学习相关知识体系进行整理，总结并出版了面向IT工程师的书籍，这是一个非常难得的机会。

我还要感谢本书的审校织学先生，他不仅快速高效地提出了修改意见，还提供了Mac OS X/Windows版本的安装步骤。

书中很多内容都受到了日本国立信息学研究所旗下项目“TopSE”的志愿者举办的学习讨论会的启发。在此感谢参与学习讨论会的各方人士。

编写本书时，很多时候我都是先把今年刚上小学的女儿送到车站，再到早间营业的星巴克进行写作。感谢照料我起居的妻子，她始终信奉“早睡早起身体好”，提倡健康的生活方式。我要对她说：“不胜感激！”

主要数学符号和基本公式

■ 求和符号

符号 Σ 表示求和。下式为x_1到x_N的求和运算：

$$\sum_{n=1}^{N} x_n = x_1 + x_2 + \cdots + x_N \tag{1}$$

■ 乘积符号

符号 Π 表示乘积。下式为x_1到x_N的乘法运算：

$$\prod_{n=1}^{N} x_n = x_1 \times x_2 \times \cdots \times x_N \tag{2}$$

■ 指数函数

符号 exp 表示以自然常数 e ≈ 2.718 为底的指数函数。下式表示 e 的 x 次方函数：

$$\exp x = \mathrm{e}^x \tag{3}$$

指数函数的积可变换为自变量的和。

$$\prod_{n=1}^{N} \mathrm{e}^{x_n} = \mathrm{e}^{x_1} \times \cdots \times \mathrm{e}^{x_N} = \mathrm{e}^{x_1 + \cdots + x_N} = \exp\left\{\sum_{n=1}^{N} x_n\right\} \tag{4}$$

指数函数 e^x 的微分形式函数不变。

$$\frac{\mathrm{d}}{\mathrm{d}x}\mathrm{e}^x = \mathrm{e}^x \tag{5}$$

■ 对数函数

符号 ln 表示以自然常数 e ≈ 2.718 为底的对数函数。

$$\ln x = \log_{\mathrm{e}} x \tag{6}$$

代入 $x = \mathrm{e}$，则其值变为 1。

$$\ln \mathrm{e} = 1 \tag{7}$$

对数函数满足下面的对数法则：

$$\ln \frac{ab}{c} = \ln a + \ln b - \ln c \tag{8}$$

$$\ln a^b = b \ln a \tag{9}$$

因此，将公式（4）的指数函数代入对数函数中，可简化为下面的公式：

$$\ln\left(\exp \sum_{n=1}^{N} x_n\right) = \sum_{n=1}^{N} x_n \times \ln \mathrm{e} = \sum_{n=1}^{N} x_n \tag{10}$$

该公式表示对数函数 $\ln x$ 为指数函数 e^x 的反函数。

对数函数的微分形式如下：

$$\frac{\mathrm{d}}{\mathrm{d}x} \ln x = \frac{1}{x} \tag{11}$$

■ 偏微分

对于多变量函数，特定变量的微分称为偏微分（符号为 ∂）。

$\dfrac{\partial f(x, y)}{\partial x}$: y 不变，对 x 微分

$$\frac{\partial f(x,y)}{\partial y}$$：x不变，对y微分

复合函数的微分公式对偏微分也成立。

$$\frac{\partial f(g(x,y))}{\partial x}=f'(g(x,y))\times\frac{\partial g(x,y)}{\partial x} \tag{12}$$

$f'(x)$表示一次微分系数。

$$f'(x)=\frac{\mathrm{d}f(x)}{\mathrm{d}x} \tag{13}$$

■ 向量的内积和外积

公式中的粗体变量表示向量以及行列式。纵向排列的向量称为基础“列向量”。

$$\mathbf{x}=\begin{pmatrix}x_1\\x_2\\x_3\end{pmatrix} \tag{14}$$

根据书写方法的不同，使用行向量进行描述时，使用转置符号 T 表示列向量。

$$\mathbf{x}=(x_1,x_2,x_3)^{\mathrm{T}} \tag{15}$$

反之，对列向量进行转换可得到行向量。

$$\mathbf{x}^{\mathrm{T}}=(x_1,x_2,x_3) \tag{16}$$

内积表示“行向量 × 列向量”。

$$\mathbf{w}^{\mathrm{T}}\mathbf{x}=(w_1,w_2,w_3)\begin{pmatrix}x_1\\x_2\\x_3\end{pmatrix}=\sum_{i=1}^{3}w_i x_i \tag{17}$$

外积表示“列向量 × 行向量”。

$$\mathbf{w}\mathbf{x}^{\mathrm{T}}=\begin{pmatrix}w_1\\w_2\\w_3\end{pmatrix}(x_1,\ x_2,\ x_3)=\begin{pmatrix}w_1x_1 & w_1x_2 & w_1x_3\\w_2x_1 & w_2x_2 & w_2x_3\\w_3x_1 & w_3x_2 & w_3x_3\end{pmatrix} \tag{18}$$

使用式（12），对代入向量内积的函数，可以求出特定元素的偏微分。

$$\frac{f(\mathbf{w}^{\mathrm{T}}\mathbf{x})}{\partial w_i}=f'(\mathbf{w}^{\mathrm{T}}\mathbf{x})\frac{\partial(\mathbf{w}^{\mathrm{T}}\mathbf{x})}{\partial w_i}=f'(\mathbf{w}^{\mathrm{T}}\mathbf{x})x_i \tag{19}$$

向量的大小用下面的符号表示：

$$\|\mathbf{x}\|=\sqrt{\mathbf{x}^{\mathrm{T}}\mathbf{x}}=\sqrt{x_1^2+x_2^2+x_3^2} \tag{20}$$

■随机变量的期望与方差

以一定概率取得各种不同的值的变量 X 称为随机变量，用 $P(x)$ 表示 $X=x$ 时的概率。随机变量的期望 E 和方差 V 由如下公式定义：

$$E[X]=\sum_x xP(x) \tag{21}$$

$$V[X]=E[\{X-E(X)\}^2] \tag{22}$$

式（21）中的和 $\sum_x$ 为所有满足条件的 x 的和。

期望和方差之间有如下公式成立：

$$E[aX+b]=aE[X]+b \tag{23}$$

$$V[aX]=a^2V[X] \tag{24}$$

$$V[X]=E[X^2]-(E[X])^2 \tag{25}$$

$\overline{x} = E[X]$，由式（23）可知下式成立：

$$E[X - \overline{x}] = E[X] - \overline{x} = 0 \tag{26}$$

假设有两个“独立的”随机变量 X 和 Y，$X = x$ 且 $Y = y$ 时的概率（同时发生的概率）$P(x, y)$ 可表示为 $X = x$ 时的概率与 $Y = y$ 时的概率的乘积。

$$P(x, y) = P_X(x)\, P_Y(y) \tag{27}$$

例如，掷两个骰子同时掷出 1 点的概率，为各个骰子分别掷出 1 点时的概率的乘积的 1/6。这表明不同的骰子掷出某个点的概率是相互独立的。

随机变量 X 和 Y 独立时，$\overline{x} = E[X]$，$\overline{y} = E[Y]$，则下式成立[1]：

$$\begin{aligned} E[(X - \overline{x})(Y - \overline{y})] &= \sum_{x,y}(x - \overline{x})(y - \overline{y})P(x,\ y) \\ &= \sum_{x}(x - \overline{x})P_X(x)\sum_{y}(y - \overline{y})P_Y(y) \\ &= E[X - \overline{x}]E[Y - \overline{y}] = 0 \end{aligned} \tag{28}$$

① 这种关系会在 3.3.1 节中用到。

目录 Contents

第1章 数据科学和机器学习 1

第 5 章 Logistic 回归和 ROC 曲线：学习模型的评价方法 107

第 6 章 *K* 均值算法：无监督学习模型的基础 133

第 7 章 EM 算法：基于最优推断法的监督学习 151

第 8 章 贝叶斯推断：以数据为基础提高置信度的手法 169

数据科学和机器学习

第1章 数据科学和机器学习

本书的主题是各种类型的机器学习算法，也就是理解“在什么样的结构或者思维方式下进行数据分析”。然而，在此背景之下还有更大的目标，那就是理解“机器学习在数据科学领域中的作用”。

为了理解机器学习，我们需要做一些事前准备工作。在本章中，我们将学习数据科学在商业领域中的作用，以及数据科学与机器学习的关系。在下一章中，我们将学习机器学习的具体算法，以“由该算法计算出的结果会给商业带来什么帮助”这样的视角开展学习，这样就可以更透彻地理解算法的价值。现在，我们先从数据科学整体概念的概览开始。

1.1 数据科学在商业领域中的作用

“数据科学”这个词有很多种意思。在本书中，数据科学特指用于商业领域的战略型数据的实际使用方法，也就是说，数据科学的目的和定位是“正确使用数据，使人们可以作出更高质量的商业决策”。因此，实现这个目的就是数据科学的职责。

这里容易让人产生误解的地方是数据科学和商业经营者之间的责任划分。人们普遍认为数据科学的工作是将那些隐藏在数据中的事实找出来，而以这些事实为基础作出商业决策则是商业经营者的责任。这是一个很大的误解，是一种完全低估了数据科学的责任的想法。沃尔玛的CEO曾经在飓风逼近美国时，使用数据科学对之前飓风来袭时的销售额进行了分析，那么他到底期望获得什么样的结果呢？

虽然实际的分析结果并未公开，但是我们可以猜想到，类似于“矿泉水的销售额较往常增加了30%”这样的结果是没有什么意义的。虽然事实可能确实如此，但这样的结果在提升商业决策的质量方面能发挥什么作用是不明确的。我们确实会想到“增加矿泉水的库存量是可以的吧”，那么，我们是否可以对哪些店铺增加多少数量的库存，利润能增加多少这样的事情进行预测呢？用具体的数字解答这些疑问就是数据科学的责任。所谓的商业决策其实包含着对未来所发生的事情的预测，因此我们必须采用根据以往的数据对未来进行预测的方法。

在这里，“数据科学是一门科学”的理由被隐藏起来了。我们只要能将包含在过去的数据中的事实抽取出来，就可以通过各种各样的工具进行机械式的实施。然而，要基于某个起点预测未来，就必须建立一些假设，并采用科学的方法对这些假设进行验证。这个观点正是本书介绍机器学习算法的原则，也就是以过往数据为基础推导出在预测未来方面有用的判断规则。但是，要想将这样的规则关联到有意义的商业决策，我们还需要做更进一步的考察。

在这里举一个容易理解的例子，可以说是机器学习的“不好的例子”，不知不觉就陷入这种情况的时候可能很多。请读者在阅读下面的内容时思考到底哪里不对。这个例子就是机器学习领域经常会用到的“手机续约问题”的例子。

据说，很多手机用户在合约到期时都会换掉之前签约的公司（通信服务商）。对被用户抛弃的通信服务商来说，这是一个非常让人头疼的问题。如果能充分利用过往的数据制定出防止用户不续约的对策，那这些通信服务商肯定会感激不尽。某通信服务供应商的销售部部长就曾委托从事数据科学的机构开发这样的系统。那么，数据科学究竟可以做些什么呢？

首先，我们必须收集数据，将其作为分析基础。虽然暂时不知道从哪里获得，但先假设我们可以收集到如图 1-1 所示的照片[①]。这些照片都是以往用户在更新合约时拍的，并且附带着该用户是否更换通信服务商的相关信息。以这种方法为基础，我们就可以开发出通过采集用户照片就能判断其是否会续约的神奇应用。

Yes：续约用户
No：不续约用户

▲图 1-1 数据科学收集到的数据

有人可能会怀疑：这样的事情怎么可能实现？但数据科学通过使用机器学习的决策树程序库已经将其实现了。决策树就是通过回答少数几个问题就能判断数据属于哪个集合的结构系统。图 1-2 是大学理工科专业会

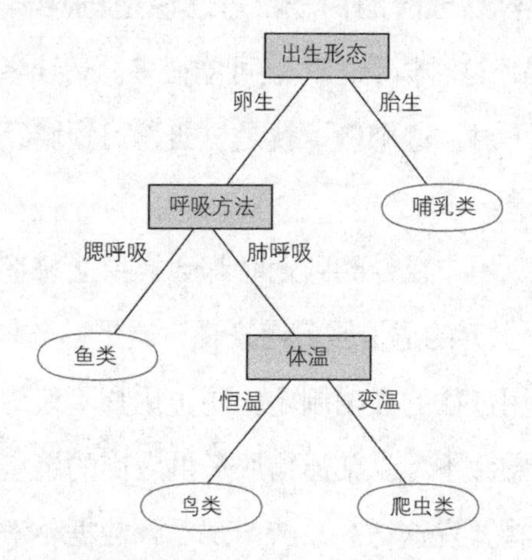

▲图 1-2 判断动物分类的决策树示例

① 这里所说的“不知道从哪里获得”是基于本节假设的例子所设定的场景。实际上，图 1-1 和图 1-3 引用了本章末列出的参考文献 [1]。

学习的关于判断“鸟类”和“爬虫类”这两种动物分类的决策树示例。

将之前拍摄的用户照片放到生成决策树的程序库中，即可得到如图 1-3 所示的结果。虽然通过外表判断人的做法不是很好，但我们确实能通过回答与身体特征相关的问题判断出用户是否会续约。至少对图 1-1 中的这些数据运用判断规则是可以做到 100% 正确判断的。于是，该销售部部长提出方案，开发出融入了这些判断规则的应用，并对光顾手机商店的顾客拍摄照片，判断出可能不会续约的用户①。对于那些被判定为续约概率低的用户，在他们的合约到期之前，通信服务商通过向他们推荐话费有特殊折扣的合约就能有效防止他们不续约。

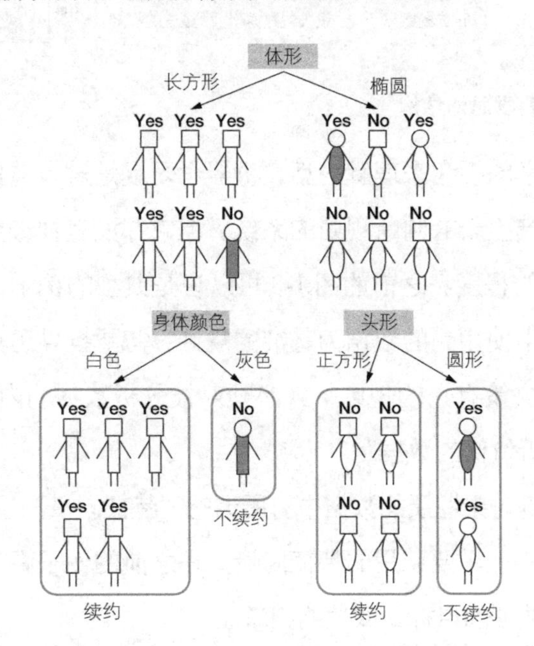

▲图 1-3 通过机器学习得出的“续约判断规则”

在本例中，数据科学的工作就到此结束了。当然，我们还不能认为这个结果对作出商业决策有什么帮助。这一连串的工作中是否有什么问

① 这里暂请忽略随意拍摄顾客照片的行为是否恰当的问题。

题呢？为了回答这个疑问，我们可以整理出如图 1-4 所示的以机器学习为中心的数据科学总体结构。

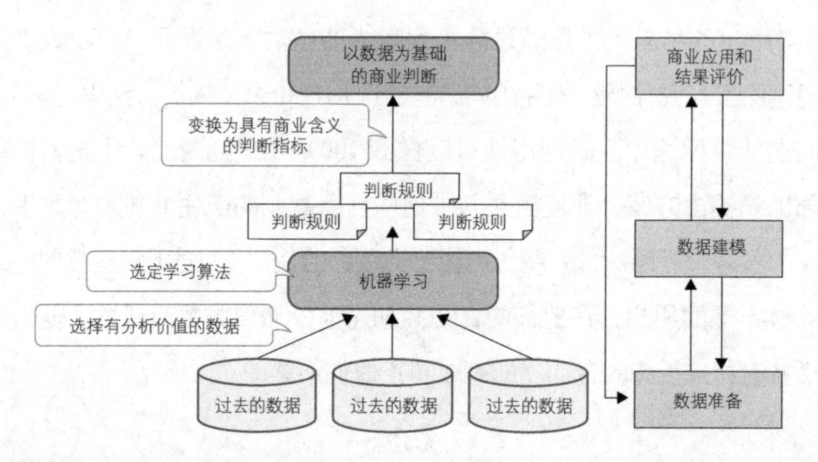

▲图 1-4　**数据科学总体结构**

从数据科学的视角来理解的话，机器学习就是对当前累积的过往数据进行分析，产生新的判断规则的系统。但它并没有神奇到可以生成预测未来的规则的程度。之前的图 1-3 可以说是典型的例子，但最多也只能得出以分析中使用到的数据为基准的规则，想要推导出预测未来的规则，即对商业决策有用的规则，就必须对被分析数据的内容进行理解，筛选出“有分析价值的数据”。

在表示分析对象性质的数据中有所谓的“特征向量”。数据科学必须适当筛选出分析中需要使用的特征向量。在之前的例子中，缺少了对用户照片类型的数据的目标一致性的判断。

更重要的是，我们还必须具备选择机器学习算法的知识。在上面的例子中，我们使用的是自顶向下的决策树，但我们无法找出不考虑决策树以外的其他算法的理由。数据科学的目的是提高商业决策的质量，但从机器学习算法导出的规则无法直接用于商业决策。在充分理解各类算法是怎样从相应系统中产生规则之后，我们还要考虑将算法导出的结果与适当的商业决策关联起来的方法。

通过这样的思考过程，我们就可以充分理解数据科学为何要求使用者具备完善的知识体系。企业如果没有这样的理解和认识，就无法做出对商业决策有帮助的行为。另外，对于通过商业活动收集到的数据，我们必须能够理解数据的内容，并筛选出有分析利用价值的数据。而且，根据不同应用场景重新收集分析所需的数据也是很有必要的。

在上面的例子中，使用机器学习的数据库很快就能输出一定的结果。但是，如果你没有理解算法的内容，不仅无法确定结果的可信度，也不知道它能带来什么样的商业价值。

以这些知识为基础的假设 / 验证循环过程构成了数据科学体系。如图 1-4 右侧所示，"数据准备→数据建模（分析）→商业应用和结果评估"的过程并不是像软件开发瀑布模型那样线性推进的。在各个阶段，我们必须评估结果，并对错误进行反复试验。本书的目标就是帮助读者理解核心内容——机器学习算法。本书涉及最多的就是算法的基本组成部分，仅凭这些尚不足以将机器学习运用到商业决策中，还有很多欠缺的东西。不过，本书在进行说明的时候，也补充了"由算法计算出的结果如何应用到商业领域中""为了促进商业必须要考虑哪些方面"这样的内容。以这样的视角理解数据科学的本质，相信读者很快就能具备开阔的视野，并学到更高层次的机器学习知识。

对于隐藏在各个算法背后的数学原理，本书尝试尽量把它们的数学意义解释清楚。讲求数学严密性的方向性说明已记述在"数学之家"栏目中[①]。对不擅长数学的人来说，即使不能完全理解这部分内容也没有关系。

---

① "数学之家"以大学初级线性代数、解析几何和概率统计知识为基础。如果想要阅读数学方面的教材，请参照本章章末列出的参考文献。

1.2 机器学习算法的分类

根据前面的内容，我们已经了解到，机器学习算法以给定的数据为依据产生某些判断规则。在这里我们是根据判断规则的种类划分出主要的几种算法的，而不是以算法内部的数学方法进行划分的。例如，Logistic 回归虽然是一种包含回归分析的预测数值的数学方法，但使用该方法时一般是以产生分类规则为目的的。

本书无法涵盖所有的算法类型，如果以“希望通过使用机器学习得到什么”为依据进行分类，则算法种类就没有那么多。本书主要介绍分类、回归分析、聚类分析这几种算法。

1.2.1 分类：产生类判定的算法

除了前面例子中出现的决策树，我们还会在第 4 章介绍传感器，在第 5 章介绍 Logistic 回归。我们将以既有的已被分为几类的数据为基础，导出新加入数据属于哪类的预测规则。

“手机续约问题”推导出的是能判断用户在快要更新合约时到底属于“不续约 / 续约”中哪一类的预测规则。下面我们继续手机续约这个例子，向用户提供新合约时，对老用户来说，该合约也可以被分类为“使用 / 不使用”两类。分类数量很多也没关系。用户更换手机机型时，我们可以进行“用户将选择何种机型”的预测。

当然，也有计算数据属于各个类的概率的算法。因为我们通常不会只划分“不续约 / 续约”两种类型，还会进行“用户的不续约概率为 20%”（续约概率为 80%）这样的预测。这种运用了概率的算法可以引导出更灵活的商业判断。例如，5.2 节会讲到，我们可以对几类算法的性能进行比较。

这类算法的经典例子就是“垃圾邮件的判定”。用户将已有的被判定为垃圾邮件的邮件作为基础，提取出垃圾邮件的特征，对新收到邮件计算“属于垃圾邮件的概率”。这也是“垃圾邮件 / 非垃圾邮件”分类问题的一种。

1.2.2　回归分析：预测数值的算法

回归分析的目的是预测数值。我们需要思考已有数据的背后隐藏了什么函数，并推断出该函数，之后便能预测接下来会得到的数据的数值。一个通俗易懂的例子就是广告宣传费和销售量之间的关系。在推断结合了这两个因素的函数时，需要考量符合销售额目标的预计宣传费用。图 1-5 展示了推断出来的广告宣传费和销售额之间的线性关系（一次函数）。

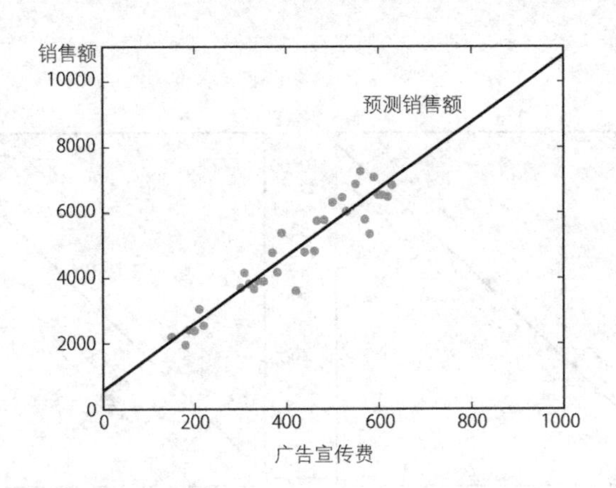

▲图 1-5　对广告宣传费和销售额之间关系的回归分析

在前面提到的手机续约的例子中，通信服务商在准备新合约时，除了不同合约的特性（基本费用和折扣率等），也要考虑对使用该套餐的用户比例进行预测。先前介绍分类算法时列举了将新合约划分为“使用 / 不使用”两类的例子，这里的观点稍有不同。如果将当前用户全部分类为“使用 / 不使用”两类，虽然可以预测出“使用”的人数，但回归分析并不是针对每一个用户进行判定，而是直接预测出使用者的总数。

回归分析也可以用于预测概率。对于有待预测的用户数，我们可以使用第 3 章介绍的最优推断法或第 8 章介绍的贝叶斯推断法，得到“95% 的概率有 10000 人 ±2000 人”或“95% 的概率有 10000 人 ±500 人”这样的结果。在这两个例子中需要注意的是预测范围不同。即使同样预测出“有 10000 人”，但两个结果的置信度是不同的。从商业决策的角度来考虑的话，最终需要根据使用者的数量来计算企业可以赚多少钱。显示出预测范围的结果能让我们进行更高精度的计算。

图 1-6 是对前面广告宣传费和销售额之间的关系加入了预测范围的推断结果。这里显示了两种拥有不同预测范围的结果。在广告宣传费不变的情况下，我们可以预测出相应的销售额为以 95% 的概率分布在两条虚线内的点所代表的值。

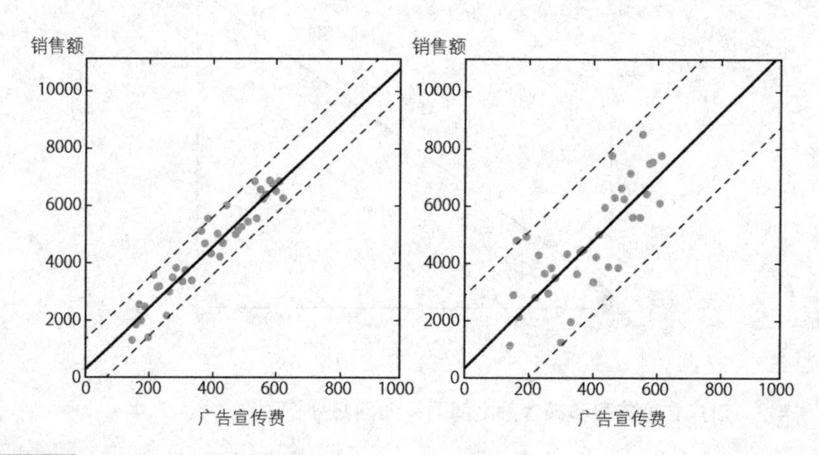

▲图 1-6 包含预测范围的回归分析

1.2.3 聚类分析：对数据进行无监督群组化的算法

前面的两类算法会将“回答”赋给用于分析实验的数据。例如，在“手机续约问题”中，实际使用的是已经确定是否续约的用户的数据。类似这种由已经知道问题答案的数据推导出一般判断规则的方法，我们称之为“监督学习”。反之，我们也能以那些没有“回答”的数据为基础进行分析，如自动识别手写文字。大量收集手写文字数据，给各个文字贴上对应的识别标签之后，便可以产生自动识别规则。但是，依靠人类的视觉判断给海量数据贴标签是一件非常困难的事情。如果不进行这种贴标签过程而只用原始的手写文字数据进行分类的话，那就是所谓的“无监督学习”。例如，只有 0~9 的手写数字时，以所有数据都具有某种相似性为依据，将其分为 10 个集合（簇）的话，也可能将数字 0~9 正确分类。这里所使用的“相似性”也可以在判定新的手写数字时使用。

回到手机续约的例子，我们可以将当前的用户分为几类。不同于“手机续约问题”那样基于特殊目的进行分类，我们可以根据用户的简介、使用情况等发现用户是否已经形成了有价值的自然簇。这也属于无监督学习的范畴。之后，如果我们能识别出各个簇的特征，就可以将其作为制定新合约的参考。我们可以对各个簇计算其使用新合约的概率等，这些数据也可以作为新的机器学习的原始素材而被利用起来。

专 栏

“被大数据技术欺骗了？！”

在自动识别数字的应用中，有根据自行车照片识别车牌数字方面的研究。以前在面向大众的大数据研讨会上，很多研究者都会以这类研究作为示例进行展示，在屏幕上投射两张图片，其中一张图片像打了马赛克一样，清晰度很低，另一张图片则非常清晰。研究者会说，这两张图片中的车牌是相同的，将研究成果应用到低清晰度图像上，就可以将其复原为高清晰度图像。

只考虑图像数据中包含的信息是不可能进行这样的图像处理的。听众可能会发出“这种图像复原真的可能吗”这样的质疑声。当然，这个效果并不是简单地只通过图像处理就能实现的。事前需要使用大量的车牌图片进行机器学习，判断实际采集的低清晰度图像与学习时使用的哪些图像类似。在此基础上，再使用一系列被判定为相似图像的高清晰度图片数据进行图像复原工作。

可以说，这种处理是在“给定的图像是车牌号”这样的前提下才可能实现的。假如对不是车牌号的图像进行相同的复原处理，会得到什么结果呢?可能的结果是：使用判定为相似的学习图片可以复原高清晰度车牌图片；使用不当的话，就有可能用于证据伪造。

本文的目的主要是为了让大家理解数据科学中使用的数据以及分析这些数据时用到的算法。从这个例子就可以看出这类知识的重点是什么。对不懂数据分析的普通人来说，为了防止被“像变戏法一样的大数据技术”所欺骗，有必要了解一下机器学习的本质。

之前说过，数据科学必须对表示分析对象性质的数据“特征向量”进行选择。为了找到这样的特征向量，我们需要使用聚类分析方法。如果仅从各个用户的简介、使用情况等数据的表象进行观察，我们就不知道哪些信息对预测有用。按照用户的相似度高低来分组，我们就可以找出用户的大致特征要素。

1.2.4 其他算法

本书没有详细介绍的其他算法包括以下几种。

（1）**相似匹配：**将新获取的数据与已有的数据进行对比，判断它们之间的相似性。例如，企业在面对新客户开展营销时，可以调查新客户与老客户的相似程度，根据实际情况调整营销策略。如果发现新客户与老客户中优良客户的匹配度高，说不定就可以提升营业额。

（2）**共现分析：**也称关联分析或亲和性分析，这是一种从已有数据中找出同时发生的事件的无监督学习方法。该方法常用于推荐，如“购买 A 商品的人也会买 B 商品”。

（3）**链路预测**：链路预测是一种用于预测数据之间潜在关联的方法。例如，SNS（Social Networking Services）就被广泛应用于预测人际关系。A 和 B 两个人并非朋友关系，但是根据他们有很多共同的朋友这种关联性，就可以预测出“A 和 B 可能也是朋友”。

1.3 本书使用的例题

本书将通过具体的例题来解释算法。我们首先要面对的问题就是，能够作为经典例子的基础案例非常少。不过，对这些经典例子应用不同的算法就可以看出各个算法的特征，或者说可以更加明确机器学习的一般思维方式。这里提前介绍一下第 2 章及后面的章节将会使用的例题。读者可以在充分想象采用什么样的方法可以得出答案的同时，带着问题阅读接下来的内容。

1.3.1 基于回归分析的观测值推断

例题 1

如图 1-7 所示，x 轴上有 10 个观测点，x 上的每个观测点都有一个对应的观测值 t。用数学符号表示的话[①]，这 10 对观测点和观测值的组合可以用$\{(x_n,t_n)\}_{n=1}^{10}$的形式表示。这里的观测点$\{x_n\}_{n=1}^{10}$是在 $0 \leqslant x \leqslant 1$ 范围内平均分布的点，10 个观测点将此范围平均分成了 9 个区间。

这样的公式似乎揭示了 x 和 t 之间存在着某种函数关系。读者可以推断一下该函数，并预测下次观测某点 x 时，它的观测值会是多少。

① 排列展开的 10 组数据$\{(x_1,t_1),(x_2,t_2),\cdots,(x_{10},t_{10})\}$可以表示为$\{(x_n,t_n)\}_{n=1}^{10}$的形式。同理，并列的 10 个数值$\{x_1,x_2,\cdots,x_{10}\}$也可以表示为$\{x_n\}_{n=1}^{10}$的形式。

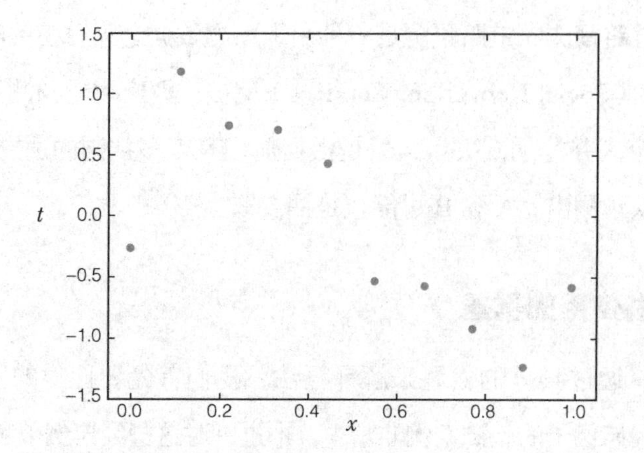

▲图 1-7 由 10 个观测点得出的观测值

解释说明

在本例中，为了简化计算过程，x 的范围只取了 $0 \leqslant x \leqslant 1$，并且 t 的值以原点为中心不规则分布。说得更具体一点的话，暂时忽略取值范围，我们可以认为它就是某国的平均气温。观测点 x 代表观测月份，观测值 t 就是当月的平均气温。此时，某月的平均气温无法提前确定，它是随着观测年份上下变动的。现在仅仅以特定年份的数据为参考，想要 100% 正确预测出今后的观测值 t，在理论上是不可能的。

但是，即便对于那些在理论上没有正确答案的问题，企业还是期望得到某种答案。如果你具备数据科学方面的知识，就要设定某种基准，并判断在何种程度上可以表明预想的值是正确的。

这里我们先揭示一下这个问题的原理。该数据是由正弦函数 $y = \sin(2\pi x)$ 以均值为 0、标准差为 0.3 的正态分布误差累加生成的。将该正弦函数叠加到图 1-7 上可以得到图 1-8。所谓的均值为 0、标准差为 0.3 的正态分布，就是如图 1-9 所示的散布在 0 ± 0.3 范围内的随机数。仔细观察图 1-8 可知，上下偏离正弦函数 0.3 幅度（平均）的地方仍有观测值存在。

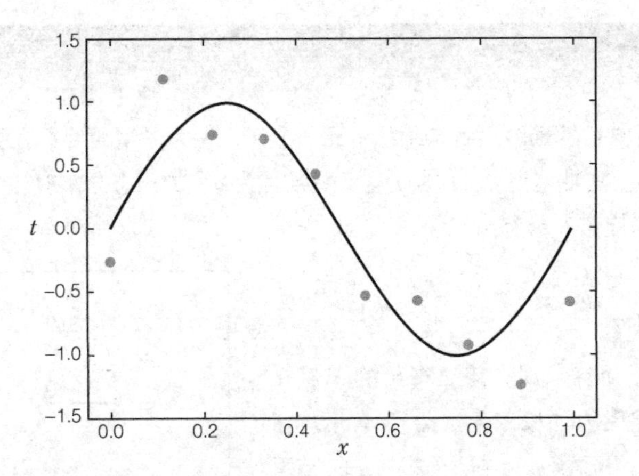

▲图 1-8 **叠加了数据源的图**

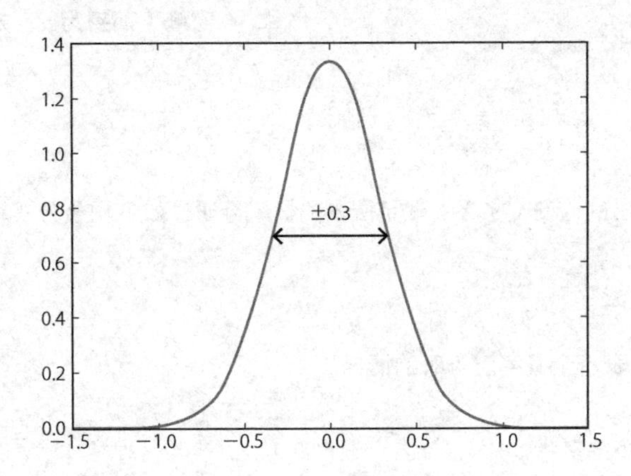

▲图 1-9 **正态分布的概率密度（均值为 0，标准差为 0.3）**

即使是可以预测的值（即接下来观测到的值），如果由正弦函数得出，也会加上相同的正态分布随机数。因此，无论作出怎样正确的预测，必然会产生 ±0.3 幅度的误差。针对这个问题，本书采用了最小二乘法（第 2 章）、最优推断法（第 3 章）和贝叶斯推断（第 8 章）三种类型的算法。

数学之家

虽然无需向有基础的读者详细解释正态分布，但为了慎重起见，在此还是简单说明一下。与期望为 μ、方差为 σ^2（标准差为 σ）的正态分布对应的概率变量 X 的概率密度可表示为：

$$p(x)=\frac{1}{\sqrt{2\pi\sigma^2}}\mathrm{e}^{-\frac{1}{2\sigma^2}(x-\mu)^2} \tag{1.1}$$

当 Δx 趋于无穷小时，随之得出的 X 值在 $x_0 \sim x_0+\Delta x$ 范围内的概率用 $p(x_0)\Delta x$ 表示。如图 1-10 所示，得到以 μ 为中心分布在 $\mu\pm\sigma$ 范围内的随机数。

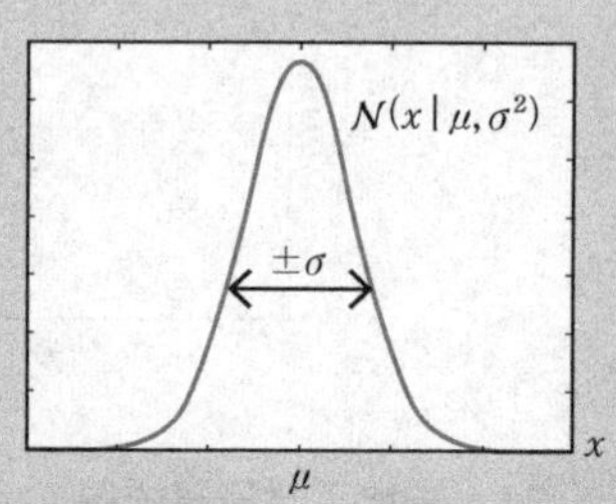

▲图 1-10　正态分布的概率密度（期望为 μ、方差为 σ^2）

式（1.1）含有参数 μ 和 σ^2，后面我们用下式表示概率密度：

$$\mathcal{N}(x\mid\mu,\sigma^2)=\frac{1}{\sqrt{2\pi\sigma^2}}\mathrm{e}^{-\frac{1}{2\sigma^2}(x-\mu)^2} \tag{1.2}$$

通常，得出的值在 $x_1<X<x_2$ 范围内的概率可通过如下积分公式算出：

$$P[x_1<X<x_2]=\int_{x_1}^{x_2}\mathcal{N}(x\mid\mu,\sigma^2)\mathrm{d}x \tag{1.3}$$

式（1.4）表示全概率为 1 时的情况：

$$\int_{-\infty}^{\infty}\mathcal{N}(x\mid\mu,\sigma^2)\mathrm{d}x=1 \tag{1.4}$$

另外，由期望和方差的定义可知下式成立：

期望：$$E[X]=\int_{-\infty}^{\infty}x\mathcal{N}(x\mid\mu,\sigma^2)\mathrm{d}x=\mu \tag{1.5}$$

方差：$$V[X]=E[(X-\mu)^2]$$

$$=\int_{-\infty}^{\infty}(x-\mu)^2\mathcal{N}(x\mid\mu,\sigma^2)\mathrm{d}x=\sigma^2 \tag{1.6}$$

式（1.7）表示一般情况下期望和方差之间的关系：

$$V[X]=E[X^2]-(E[X])^2 \tag{1.7}$$

本书第 8 章将涉及多变量的正态分布。由正态分布得到的 N 次方向量 $\mathbf{x}$ 的概率密度公式为：

$$\mathcal{N}(\mathbf{x}\mid\boldsymbol{\mu},\Sigma)=\frac{1}{\sqrt{(2\pi)^N|\Sigma|}}\exp\left\{-\frac{1}{2}(\mathbf{x}-\boldsymbol{\mu})^{\mathrm{T}}\Sigma^{-1}(\mathbf{x}-\boldsymbol{\mu})\right\} \tag{1.8}$$

其中，$\boldsymbol{\mu}$ 表示期望的向量，Σ称为协方差矩阵，构成了$N\times N$的对称矩阵。特别当 $\mathbf{I}$ 为 N 次方的单位矩阵时，$\Sigma=\sigma^2\mathbf{I}$，此时各个$x_n$遵从方差为$\sigma^2$的独立正态分布。

$$\mathcal{N}(\mathbf{x}\mid\boldsymbol{\mu},\sigma^2\mathbf{I})=\mathcal{N}(x_1\mid\mu_1,\ \sigma^2)\times\cdots\times\mathcal{N}(x_N\mid\mu_N,\ \sigma^2) \tag{1.9}$$

1.3.2 基于线性判别的新数据分类

例题 2

如图 1-11 所示，(x,y)平面上有很多个数据点。各个数据点具有属性值$t=\pm1$，我们用符号“○”和“×”表示该属性值。数学上采用$\{(x_n,y_n,t_n)\}_{n=1}^N$表示给定 N 个数据的情况。

以给定的数据为基础，在计算新数据的(x,y)值时，需要确定能够用于推断其属性值 t 的(x,y)平面上的直线。在如图 1-11 所示的例子中，判定直线右上的数据为○（$t=+1$），左下数据为 ×（$t=-1$）。

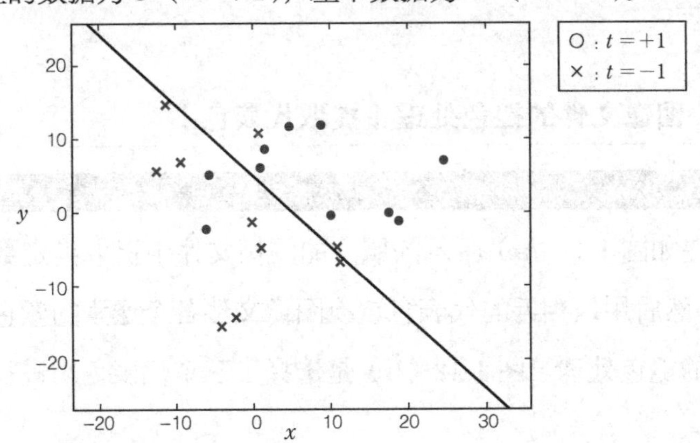

▲图 1-11 属性值为 $t=\pm1$ 的数据群

解释说明

落实到具体应用上，以判断是否感染某种病毒为例，对单次检查结果给定 x 和 y 两种数值，由符号“○”和“×”表示是否感染该病毒。在本例中，“○”代表感染状态。

如图 1-11 所示，通过平面上的直线大体对“○”和“×”进行分类，根据新的单次检查结果在直线的哪一侧，就能对检查结果进行判定。结论是：在直线右上方的情况感染病毒的可能性高，建议被检对象做进一步检查。

但是，在本例中是不可能做到用一条直线将所有给定数据准确无误地分类的，也就是说，“最佳直线”也会有一定程度的不确定性。之前说过，对于没有绝对正解的问题，数据科学的任务就是找出具有某种意义的最佳答案。数据科学专家需要设定某些基准，并以此为基础求出“最佳直线”；而企业则需要用简明易懂的方式解释清楚“最佳”的含义是什么。

针对这个问题，本书采用了传感器（第 4 章）和 Logistic 回归（第 5 章）这两种算法。在介绍 Logistic 回归时，还讨论了“最佳直线”的判断基准。

1.3.3 图像文件的褪色处理（提取代表色）

例题 3

请在如图 1-12（a）所示的照片的图像文件中提取指定数目的“代表色”，然后用最相近的代表色置换图像文件各个像素的颜色，实现图像文件的褪色处理。图 1-12（b）是选择了三个代表色来进行褪色处理的例子。

(a)原始图像

(b)褪色后的图像

▲图 1-12 彩色照片的褪色处理

解释说明

这是无监督学习中的“聚类分析”可以解决的典型问题。虽然图像文件包含大量的颜色，但只要将它们按照相似色簇进行分类，便可筛选出代表色。本书采用 K 均值算法（第 6 章）来解决这个问题。虽然这是一种很简单的算法，但我们通过该例题可以感受到机器学习实用性方面的乐趣。

1.3.4 识别手写文字

例题 4

图 1-13 展示了大量的手写文字（数字）的图像，全部是相同大小的黑白二级灰度位图。现在要求将这些文件按照数字自动分类，并且对分类后的各个数字求出均值化的手写数字，即“代表文字”。

如果对 10 个数字都进行分类比较困难的话，也可以将问题简化为只使用选择了其中任意 3 个数字的数据。

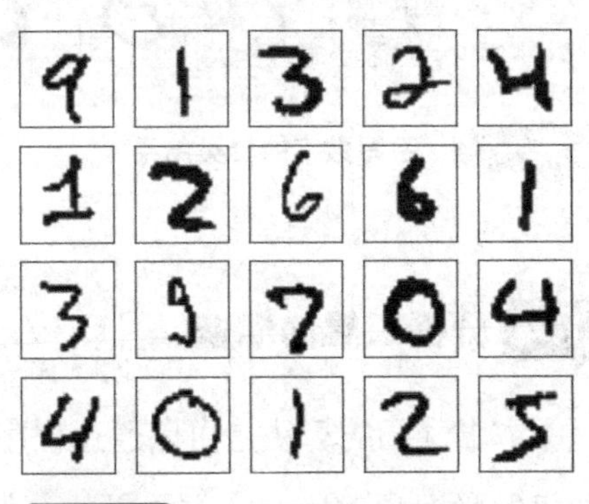

▲图 1-13 手写数字的图像数据

解释说明

这是一道非常难的例题，与“例题 3”一样属于聚类分析问题，也就是通过某种方法判断手写文字的相似性，将同类文字按组归类。本书将采用基于伯努利分布的 EM（最大期望）算法来解答这个问题。

先看结果，最终我们可以得到如图 1-14 所示的图像。这是只用“0”“3”“6”三个数字聚类分析的结果。虽然有分类错误的数据存在，但在实际应用中我们可以据此获得与手写文字相关的新知识。我们在前面提到过，数据科学就是反复进行假设和验证的科学方法。我们将通过该例题介绍机器学习领域的研究方法。

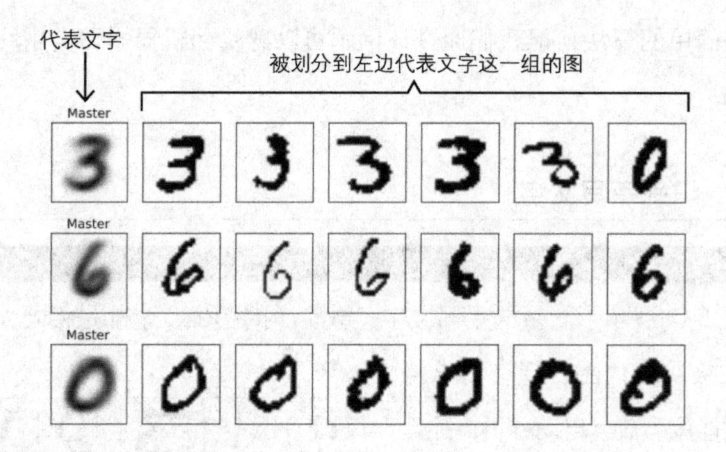

▲图 1-14　手写数字的分类结果

1.4 分析工具的准备

本书介绍的算法是可以通过程序实际运行的。读者也可以使用现成的机器学习程序库，本书提供的示例代码都是用 Python 语言编译生成的。尽管它们的性能肯定比不上专用程序库，但肯定可以通过解释说明算法的原型，让读者实际感受一下“真实的运行过程”。

后文将详细介绍示例代码的运行环境，并说明搭建运行环境的具体步骤。读者需要提前准备的操作系统为 CentOS 6、Mac OS X Yosemite（10.10）或者 Windows 7/8.1。

1.4.1 本书使用的数据分析工具

在数据分析工具中，虽然开源的 R 语言很有名，但很多软件工程师都觉得 Python 在训练数据方面更加易用。使用 Python 进行数据分析时，可使用如下标准工具和程序库：

- NumPy——处理向量和行列式计算的库；
- SciPy——用于科学计算的库；
- matplotlib——描绘图表的库；
- pandas——提供类似 R 语言的数据框架的库；
- PIL——操作图像数据的库；
- scikit-learn——用于机器学习的库；
- IPython——提供对话式操作环境的工具。

本书使用集成了以上使用环境的 Enthought Canopy 系统。该系统提供了运用 Python 开展数据分析的综合平台，包括 GUI 综合分析环境和调试程序。本书使用免费的 Express 版本导入上述工具和程序库[①]。

示例代码的执行等可以由 IPython 的对话式操作环境处理。因为没

① Express 版不包含 scikit-learn 库。

有使用综合分析环境，所以如果安装环境可以使用上述工具 / 程序库，则无须导入 Enthought Canopy 系统。

1.4.2 运行环境设置步骤（以 CentOS 6 为例）

本节对CentOS 6的环境设置步骤进行说明[①]。首先在服务器或PC上安装CentOS 6。描绘图表需要GUI桌面环境，安装时请选择“Desktop”软件环境选项。普通用户安装 Canopy 后可以创建其他普通用户。这里使用名为“canopy”的用户。

安装完成后，用 root 用户权限执行下面的命令，更新到最新的程序包后重启系统。

```
# yum -y update Enter
# reboot Enter
```

然后，普通用户就可以进入桌面环境，继续工作。启动浏览器（Firefox），输入下面的 URL 地址访问 Enthought Canopy 的产品主页：

https://www.enthought.com/products/canopy/

单击产品主页上的“Get Canopy”按钮，接着单击“Canopy Express”旁边的“Free Download”按钮，就会进入如图 1-15 所示的下载页面。单击上方的“Linux”按钮并选择本机所使用的操作系统版本（64-bit 或 32-bit），单击“DOWNLOAD”按钮开始下载安装程序。这里以安装 64-bit 版本为例进行说明。

① 正式安装步骤请访问下面的 URL 地址获取：https://docs.enthought.com/canopy/quick-start/install_linux.html。

安装程序默认被保存到“下载”文件夹里，执行下面的命令即可将其移动到“setup”文件夹中[①]。

▲图 1-15 Canopy Express 的下载页面（Linux）

接着，使用下面的命令从 GitHub 上取回本书的示例代码并解压，里面除了示例代码还有初始设置脚本。

接下来，按照图 1-16 所示顺序执行 Canopy 的安装程序。然后，按照如图 1-17 所示的顺序启动 Canopy 并进行环境设定。最后，使用下面的命令执行初始设置脚本，即可完成安装。

① 安装程序文件名中的版本号“canopy-1.5.4-rh5-64”可能会根据当前提供的版本发生变化，请根据实际情况选择合适的版本。另外，在 CentOS 6 的桌面环境输入中文时，可按“Ctrl+Space”组合键切换到中文输入模式。

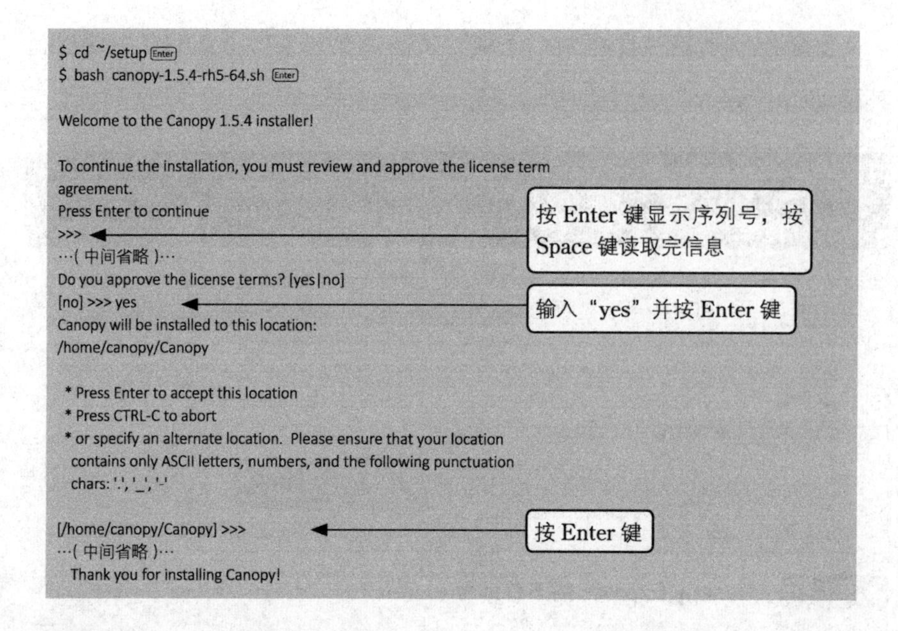

▲图 1-16　Canopy 的安装顺序（Linux）

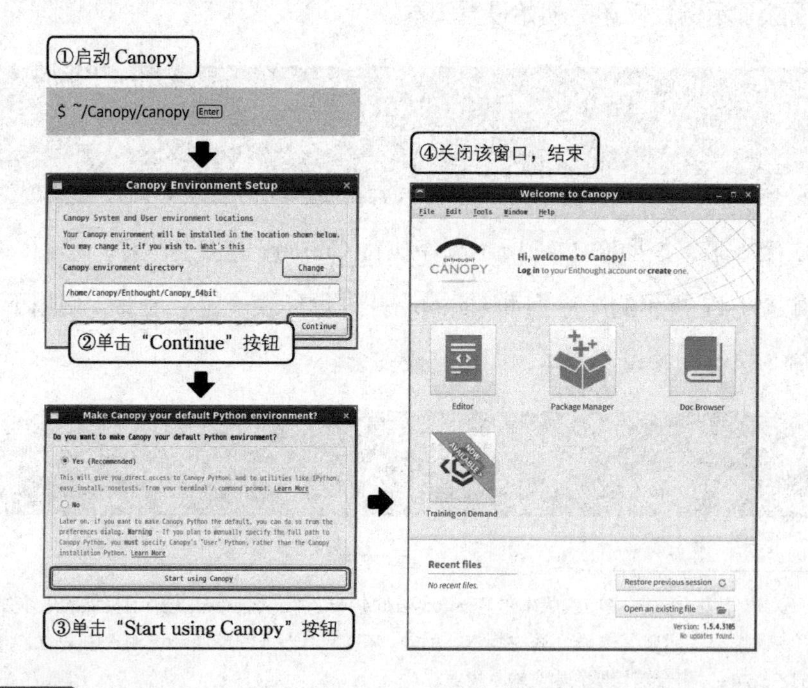

▲图 1-17　Canopy 的启动和环境设置（Linux）

1.4.3 运行环境设置步骤（以 Mac OS X 为例）

本节对 Mac OS X Yosemite（10.10）的环境设置步骤进行说明[①]。以普通用户权限登录后，打开浏览器（Sarafi），输入下面的 URL 地址，访问 Enthought Canopy 的产品主页：

https://www.enthought.com/products/canopy/

单击产品主页上的“Get Canopy”按钮，接着单击“Canopy Express”旁边的“Free Download”按钮，就会进入如图 1-18 所示的下载页面。单击上方的“Mac”和“64-bit”按钮，之后单击“DOWNLOAD”按钮即可下载安装程序。

▲图 1-18 Canopy Express 的下载页面（Mac OS X）

在 Finder 下打开“下载”文件夹，双击已下载文件“canopy-1.5.4-osx-64.dmg”，弹出如图 1-19 所示的窗口[②]。将其中的“Canopy.app”图标拖到“Applications”图标上，就可以将 Canopy 安装到“应用”文件夹下。之后双击“应用”文件夹下的“Canopy”图标就可以启动 Canopy。

① 这里描述的步骤基于编写本书时 Mac OS X 的最新版本（10.10.3）。正式安装步骤请访问下面的 URL 链接获取：http://docs.enthought.com/canopy/quick-start/install_macos.html。

② 安装程序文件名中的版本号“canopy-1.5.4-osx-64”可能会根据当前提供的版本发生变化，请根据实际情况选择合适的版本。

▲图 1-19 打开 canopy-1.5.4-osx-64.dmg 后弹出的窗口

接着，按照如图 1-20 所示的步骤进行环境设置。最后，从 GitHub 取回本书示例代码，里面除了示例代码还有初始设置脚本。启动终端，执行下面的命令即可开始下载。

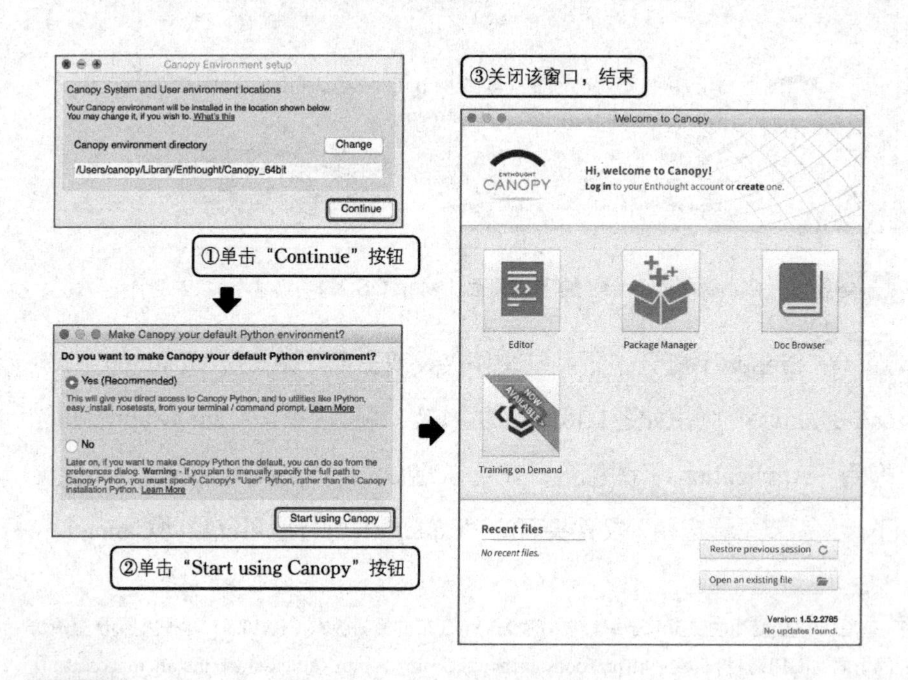

▲图 1-20 Canopy 的启动和环境设置（Mac OS X）

```
# curl –LO 'https://github.com/enakai00/ml4se/raw/master/ml4se.zip' Enter
```

下载完成后，使用下面的命令解压并运行初始设置脚本，即可完成安装。

```
# unzip ml4se.zip Enter
# source ./ml4se/config_mac.sh Enter
```

1.4.4 运行环境设置步骤（以 Windows 7/8.1 为例）

本节对 Windows 7/8.1 系统的环境设置步骤进行说明[①]。以普通用户权限登录后，启动浏览器（Internet Explorer），输入下面的 URL 地址访问 Enthought Canopy 的产品主页：

https://www.enthought.com/products/canopy/

单击产品主页上的“Get Canopy”按钮，接着单击“Canopy Express”旁边的“Free Download”按钮，就会进入如图 1-21 所示的下载页面。单击上方的“Windows”按钮并选择本机所使用的操作系统版本（64-bit 或 32-bit），单击“DOWNLOAD”按钮开始下载安装程序。这里以安装 32-bit 版本为例进行说明。

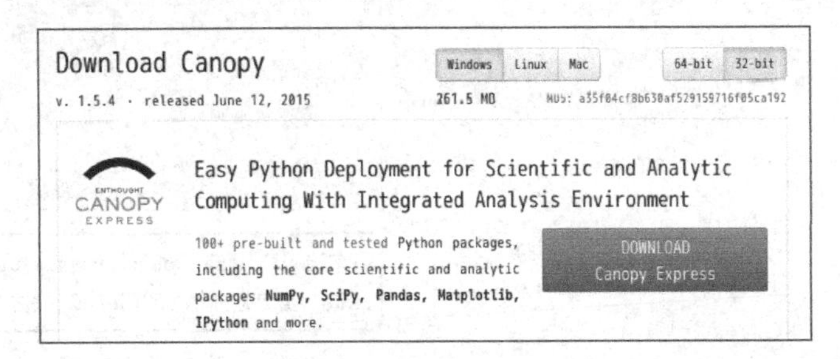

▲图 1-21 Canopy Express 的下载页面（Windows）

① 正式安装步骤请访问下面的 URL 地址获取：http://docs.enthought.com/canopy/quick-start/install_windows.html。

打开“下载”文件夹，双击已下载文件“canopy-1.5.4-win-32.msi”便会弹出安装窗口，按照如图 1-22 所示的顺序进行安装[①]。之后单击“Finish”按钮即可启动 Canopy，然后进行如图 1-23 所示的环境设置。

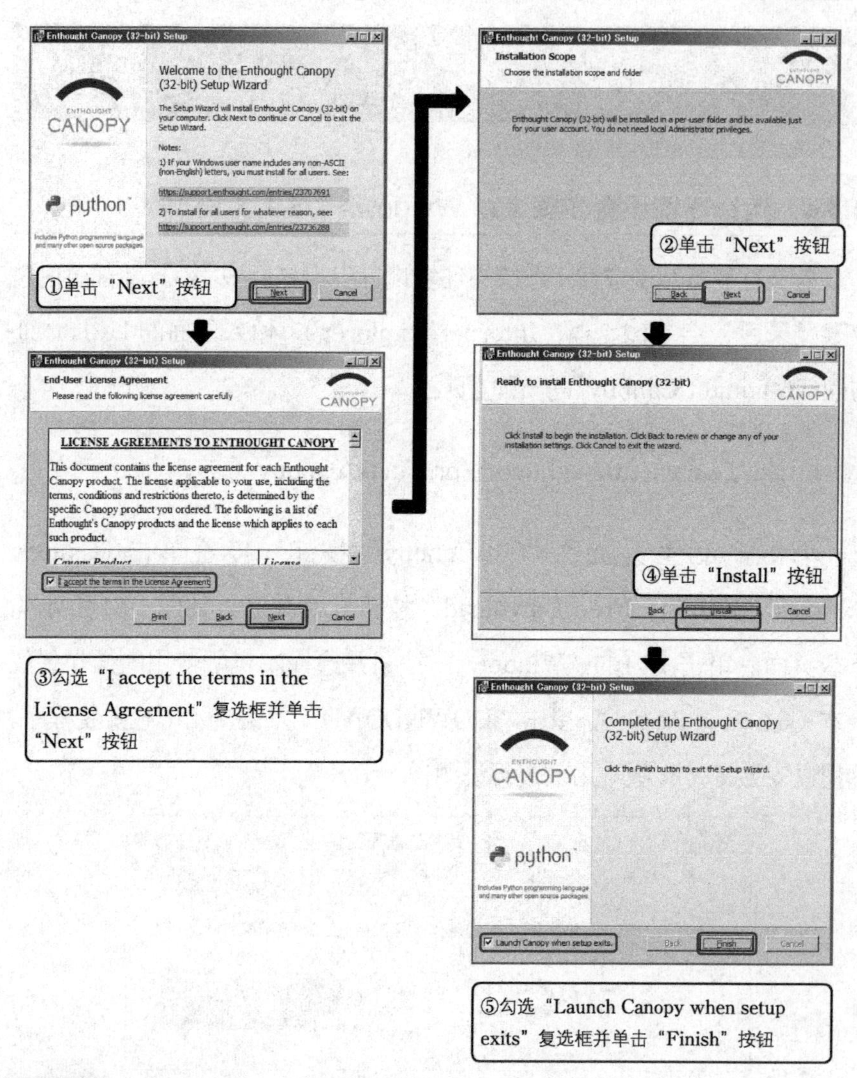

▲图 1-22　Canopy 的安装顺序（Windows）

① 安装程序文件名中的版本序号“canopy-1.5.4-win-32”可能会根据当前提供的版本发生变化，请根据实际情况选择合适的版本。

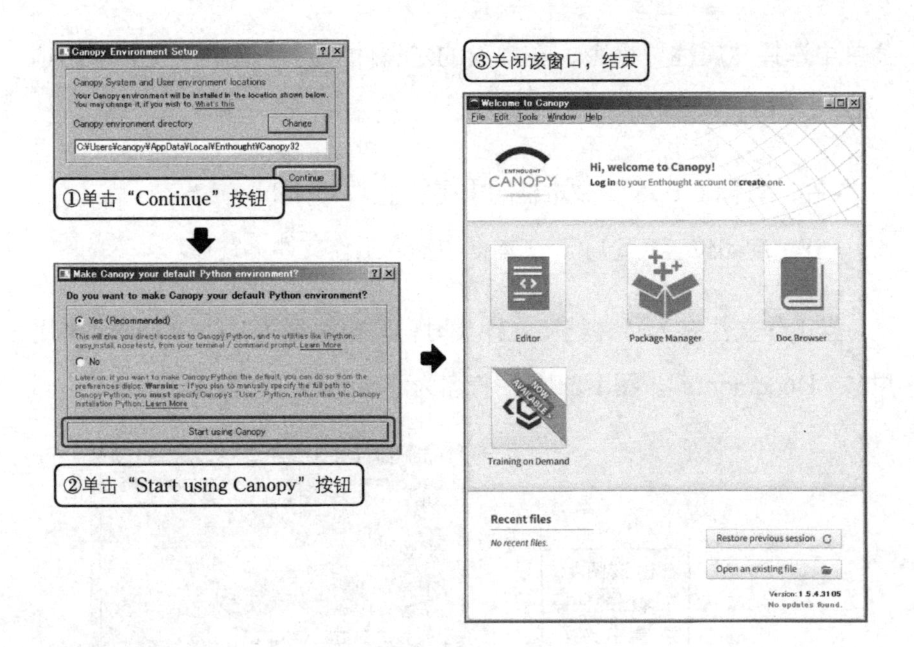

▲图 1-23　Canopy 的启动和环境设置（Windows）

最后，从 GitHub 取回本书示例代码，里面除了示例代码还有初始设置脚本。在浏览器（Internet Explorer）中输入下方的 URL 地址并打开即可开始下载“ml4se.zip”文件：

https://github.com/enakai00/ml4se/raw/master/ml4se.zip

下载完成后，还要将压缩文件中的内容复制到工作文件夹下。首先解压压缩文件“ml4se.zip”，解压完成后复制“ml4se”文件夹至工作文件夹。这里将“文档”文件夹作为工作文件夹。最后，双击“ml4se”文件夹内的批处理文件“config_win.bat”，执行初始设置。

在运行示例代码的实例时，要使用命令“ipython”启动 IPython，但要注意 Windows 系统的启动顺序稍有不同。Windows 会在桌面生成快捷方式图标“PyLab”，右击该图标并在弹出的快捷菜单中选择“属性”命令，在弹出的“属性”对话框中设置如下两项（见图 1-24）：

- 在“目标（T）：”文本框的末尾加上“--pylab”；
- 在“起始位置（S）：”文本框中输入工作文件夹路径。

当工作文件夹为“文档”文件夹时，对应路径为“C: ¥Users ¥用户名¥Documents”。图 1-24 是用户名为“canopy”时的例子。

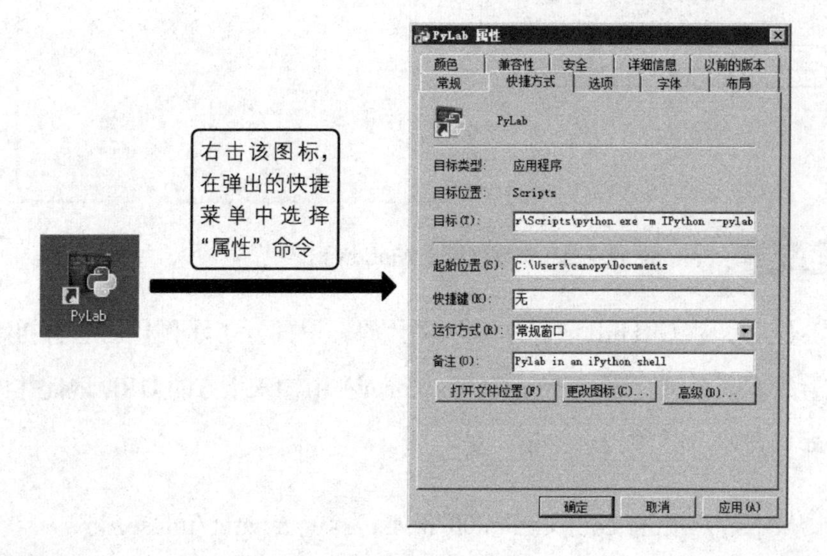

▲图 1-24 运行选项和起始位置的设置

之后，双击桌面上的“PyLab”图标启动 IPython。输入命令“pwd”，确认命令执行结果正确显示了之前设定的工作文件夹。

1.4.5 IPython 的使用方法

本书的示例代码运行在 Python 的对话式运行环境中。使用命令“ipython”启动 IPython 后会显示如下内容。

```
$ ipython [Enter]
Python 2.7.9 | 64-bit | (default, May 20 2015, 22:58:36)
Type "copyright", "credits" or "license" for more information.

IPython 3.1.0 -- An enhanced Interactive Python.
?         -> Introduction and overview of IPython's features.
%quickref -> Quick reference.
help      -> Python's own help system.
object?   -> Details about 'object', use 'object??' for extra details.
Using matplotlib backend: WXAgg

In [1]:
```

从现在开始，除了可以运行对话式 Python 命令，我们还可以执行 OS 指令并找出脚本文件。我们可以执行“cd”“ls”等基本的 OS 指令。下面就是 CentOS 6 的运行实例。

```
In [1]: cd ~/ml4se/scripts [Enter]
/home/canopy/ml4se/scripts

In [2]: ls [Enter]
02-square_error.py              07-mix_em.py
03-estimator_bias.py            07-prep_data.py
03-maximum_likelihood.py        08-bayes_normal.py
03-ml_gauss.py                  08-bayes_regression.py
04-perceptron.py                photo.jpg
05-logistic_vs_perceptron.py    train-images.txt
05-roc_curve.py                 train-labels.txt
06-k_means.py
```

现在进入刚才下载的示例代码的路径“~/ml4se/scripts”中，并确认里面的内容[1]。使用上下光标键可以找回之前执行过的命令。按Tab键可以补充完整文件名。

在其他的OS命令之前加上符号“!”即可执行命令。下面是使用vi编辑命令打开示例代码“03-ml_gauss.py”的例子。

```
In [3]: !vi 03-ml_gauss.py Enter
```

进行“Esc+Z+Z”操作（按下Esc键后输入两次大写字母Z）即可结束vi编辑。但是，在Windows环境中无法使用vi编辑，因此在编辑示例代码时，请使用支持Unicode（UTF-8）的编辑器打开“脚本”文件夹内的文件，再进行编辑。在CentOS 6中使用GUI编辑器时，要从桌面打开文件夹“home”→“ml4se”→“scripts”，右击里面的文件，在弹出的快捷菜单中选择“gedit打开”。

执行“%run”命令运行示例代码，示例代码会在配置好的文件夹内动态运行。如果环境配置正确，执行下面的命令就会出现如图1-25所示的图表。

```
In [3]: %run 03-ml_gauss.py Enter
```

IPython结束时，执行“exit”命令。

```
In [4]: exit Enter
```

此外，本书对示例代码的编写方法并未进行说明。如果想了解Python中用于数据分析的程序库的使用方法，读者可以阅读本章末列出的参考文献[2]。

---

① 在Windows操作系统中，IPython启动时工作文件夹默认为当前文件夹，执行“~/ml4se/scripts”命令可进入示例代码文件夹。

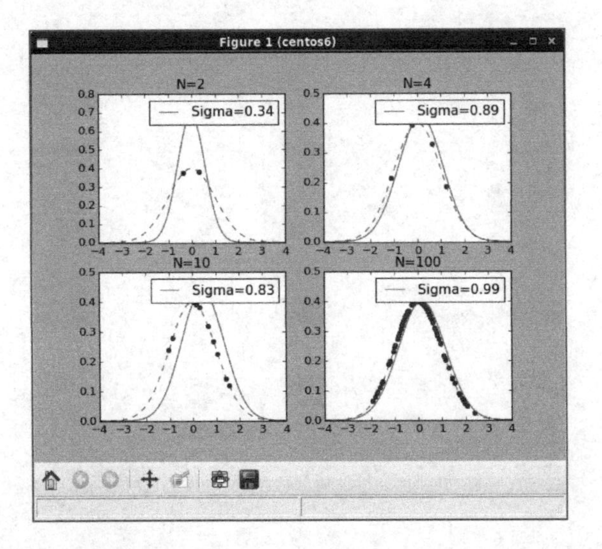

▲图 1-25 示例代码运行实例

参考文献

[1] Provost F, Fawcett T. Data Science for Business: What You Need to Know about Data Mining and Data-Analytic Thinking[M]. Sebastopol: O'Reilly Media, 2013.

[2] McKinncy W. Python for Data Analysis: Data Wrangling With Pandas, Numpy, and IPython. Sebastopol: O'Reilly Media, 2012.

最小二乘法：机器学习理论第一步

第2章 最小二乘法：机器学习理论第一步

本章将介绍回归分析的基础——最小二乘法，采用的例题是1.3.1节中的“例题1”。回归分析的目标之一就是推断出给定数据和产生该数据的函数之间的函数关系。这里假设存在多项式的函数关系，当多项式得出的预测值和实际的观测数据之间误差最小时即可确定多项式的系数。计算本身并没有那么复杂，但计算过程却浓缩了机器学习的理论性基础——统计模型的思维方式。

后文将在说明具体计算方法的基础上，对本章涉及的更常见的统计模型的思维方式进行说明，并对“基于过往数据预测未来”观点中非常重要的过度拟合检出方法进行说明。

2.1 基于近似多项式和最小二乘法的推断

首先，我们再次确认例题的内容后对基于最小二乘法的解法进行说明。假设所求的函数关系为关于 x 的多项式，当观测数据满足二乘误差最小的条件时，即可确定多项式的系数。2.1.2节将对二乘误差进行说明。另外，2.2节将会再次讨论如何选择多项式的次数。

2.1.1 训练集的特征变量和目标变量

如图2-1所示，“例题1”中的10个观测点在 $0 \leqslant x \leqslant 1$ 范围内平均分布，将其等分为9个区间，各个点的观测值为 t，我们要利用这些数据推断出 x 和 t 之间的函数关系。图2-1还展示了用于生成数据的正弦函数 $y = \sin(2\pi x)$，在实际计算过程中请忽略该曲线。用数学语言来表达的

1
2
3
4
5
6
7
8

话，就是：将10组数据$\{(x_n,t_n)\}_{n=1}^{10}$作为分析对象，将它们输入机器学习算法后推断出x和t之间的函数关系。我们将这种用作机器学习“原始材料”的数据称为“训练集”。

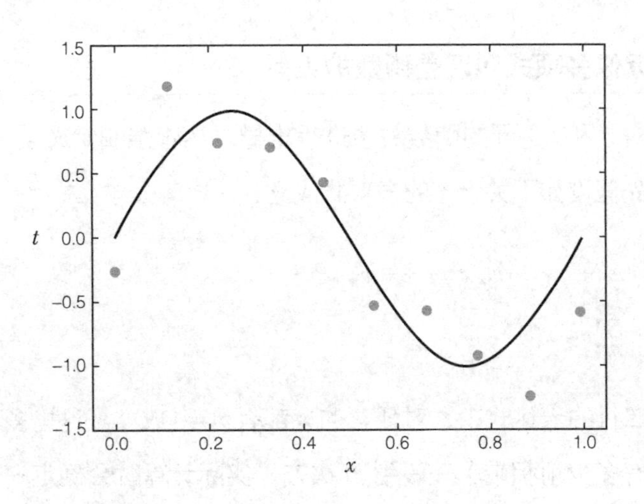

▲图 2-1 **机器学习中使用的训练集**

此外，这个问题的终极目标是使用推断出来的函数，预测出观测点x的下一个观测值t，即推断出给定x所对应的t值。在统计学中，如果由x确定t的值，则x和t分别称为“解释变量”和“目标变量”。这里的思维方式就是“根据x的值给出t取得某个值的理由”。

另一方面，在机器学习领域中，我们认为x是对分析对象的性质赋予了特征的变量，所以也称其为“特征函数”。更通用的方法是将多个特征函数归纳为向量值进行处理，此时称其为“特征向量”。本书遵照机器学习流派的习惯，用“特征变量”（特征向量）和“目标变量”分别表示x和t①。

---

① 数据科学综合运用了统计学和机器学习等众多领域的知识，因为刚开始涉及机器学习领域，所以还有部分常用术语并未完全统一。

要想准确地预测未来，当然要选择适合用于预测的数据。例题中的特征变量 x 是初始给定的，针对实际问题时使用什么样的数据作为特征变量需要自己来确定。

2.1.2 近似多项式和误差函数的设置

现在对 x 和 t 之间的函数关系进行推导。尽管强制定义了一些内容，但我们首先假设如下关于 x 的多项式成立：

$$\begin{aligned} f(x) &= w_0 + w_1 x + w_2 x^2 + \cdots + w_M x^M \\ &= \sum_{m=0}^{M} w_m x^m \end{aligned} \tag{2.1}$$

在第二行的表达式中，对任意的 x 都有$x^0=1$成立。这里多项式的次数（最多有多少项相乘）一般到 M 次方，实际计算时会确定一个具体的值。后面再讨论取什么值比较好，反正 M 为定值，$M+1$个系数$\{w_m\}_{m=0}^{M}$可称为未知参数[①]。确定好这些参数后，再尽可能正确重现图 2-1 中所示训练集的多项式。

但对于到底什么是“正确”的，还有讨论的余地。这里对$x_1 \sim x_{10}$这10个观测点，将式（2.1）计算得出的t值和实际观测到的值 t_n 进行比较。它们之间的差的二次方的和定义可为该推断的“误差”：

$$\{f(x_1)-t_1\}^2+\{f(x_2)-t_2\}^2+\cdots+\{f(x_{10})-t_{10}\}^2 \tag{2.2}$$

若式（2.2）得出的值较大，则表明式（2.1）推断出的 t 值和实际观测值不是很一致。反过来说，使式（2.2）的 $f(x)$ 值尽可能小时得出的参数$\{w_m\}_{m=0}^{M}$是比较合适的。

① $\{w_0,\cdots,w_M\}$可表示为$\{w_m\}_{m=0}^{M}$。

根据后面的计算情况，将式（2.2）乘以 1/2 得出的值可定义为“误差 E_D”。观测点的数目为 N 时，误差 E_D 可表示为如下形式：

$$E_D=\frac{1}{2}\sum_{n=1}^{N}\{f(x_n)-t_n\}^2 \tag{2.3}$$

这里取 $N=10$，当然，该式也适用于观测点数目变化的情况，按照数量 N 进行计算即可。式（2.2）和式（2.3）取得最小值时的条件相同，因此无论使用哪个公式，计算结果都一样。将式（2.3）代入式（2.1）得到如下结果：

$$E_D=\frac{1}{2}\sum_{n=1}^{N}\left(\sum_{m=0}^{M}w_m x_n^m-t_n\right)^2 \tag{2.4}$$

该式中数组下标很多，所以看起来有些混乱，需要注意的是：式（2.4）将具体的观测值 $\{(x_n,t_n)\}_{n=1}^{N}$ 作为给定的训练集。这些观测值是作为问题前提赋的定值。但另一方面，我们还不知道多项式系数 $\{w_m\}_{m=0}^{M}$ 的值。把式（2.4）视为系数 $\{w_m\}_{m=0}^{M}$ 的函数，则目标就是确定取得最小值时的系数。

我们一般把式（2.3）计算得出的误差称为“平方误差”，在“最小平方误差”条件下求解的方法称为“最小二乘法”。

2.1.3 误差函数最小化条件

如前所述，这里将式（2.4）作为多项式系数 $\{w_m\}_{m=0}^{M}$ 的函数进行计算。基于这样的定义，也可以称式（2.4）为“误差函数”。至此，准备工作完成，后面就纯粹是数学计算了。从数学上讲，将误差函数最小化可以归纳为“最小值问题”。

在机器学习计算中经常会出现解答最小值问题的情况。通常的做法是使用计算机进行数值计算，求出近似解，但这里的问题不需要进行数值计算，通过书写方式进行公式变形即可求出答案[①]。

数学之家

现在来确定式（2.4）最小化时的$\{w_m\}_{m=0}^{M}$，其实就是要确定将式（2.4）作为$\{w_m\}_{m=0}^{M}$的函数时，满足偏微分系数为 0 的条件是什么。

$$\frac{\partial E_{\mathrm{D}}}{\partial w_m}=0 \quad (m=0,\cdots,M) \tag{2.5}$$

将系数归纳为向量$\mathbf{w}=(w_0,\cdots,w_M)^{\mathrm{T}}$的话，则可以说梯度等于 0[②]。

$$\nabla E_{\mathrm{D}}(\mathbf{w})=\mathbf{0} \tag{2.6}$$

这里使用式（2.5）进行计算。将式（2.5）代入式（2.4）计算偏微分可得式（2.7）。在代入式（2.4）时，为了不覆盖下标 m，将式（2.4）的 m 变更为 m'。

$$\sum_{n=1}^{N}\left(\sum_{m'=0}^{M}w_{m'}x_n^{m'}-t_n\right)x_n^m=0 \tag{2.7}$$

假定某些条件下可以变形为下式：

$$\sum_{m'=0}^{M}w_{m'}\sum_{n=1}^{N}x_n^{m'}x_n^m-\sum_{n=1}^{N}t_nx_n^m=0 \tag{2.8}$$

在此，将x_n^m作为(n,m)结构的$N\times(M+1)$行列式$\mathbf{\Phi}$使用，那么可以将式（2.8）重写为行列式的形式：

$$\mathbf{w}^{\mathrm{T}}\mathbf{\Phi}^{\mathrm{T}}\mathbf{\Phi}-\mathbf{t}^{\mathrm{T}}\mathbf{\Phi}=\mathbf{0} \tag{2.9}$$

通过先前定义的$\mathbf{w}=(w_0,\cdots,w_M)^{\mathrm{T}}$求出所需系数，形成的行向量即为 $\mathbf{w}$。由目标变量的观测值构成的行向量即为$\mathbf{t}=(t_1,\cdots,t_N)^{\mathrm{T}}$。进一步将$\mathbf{\Phi}$的元素写出来得到如下形式。当有 N 个观测点$\{x_n\}_{n=1}^{N}$时，也就是将每个元素$0\sim M$次方的值横向排列。

---

① 数学家称之为“解析型解”。

② 本书默认使用将元素按纵向排列的列向量，因此行向量带有转置符号“T”。另外，4.1.3 节会对梯度进行详细说明。

$$\Phi = \begin{pmatrix} x_1^0 & x_1^1 & \cdots & x_1^M \\ x_2^0 & x_2^1 & \cdots & x_2^M \\ \vdots & \vdots & \ddots & \vdots \\ x_N^0 & x_N^1 & \cdots & x_N^M \end{pmatrix} \tag{2.10}$$

完成这一步后，就可以通过行列变换求出系数 w。对式（2.9）两边进行转置变形，得到如下结果：

$$\mathbf{w} = (\Phi^{\mathrm{T}}\Phi)^{-1}\Phi^{\mathrm{T}}\mathbf{t} \tag{2.11}$$

回忆Φ和 t 的定义，它们是由训练集包含的观察数据确定的。也就是说，使用给定的训练集，式（2.11）可以作为确定多项式系数 w 的公式。

此外，目前的讨论是基于 E_{D} 的偏微分系数为 0 进行的，即在 E_{D} 为定值的条件下进行计算。而且式（2.11）中含有行列式$\Phi^{\mathrm{T}}\Phi$的逆行列式，我们需要确认是否含有逆行列式。

以更严密的方式进行讨论的话，则需使用表示 E_{D} 的二阶偏微分系数的 Hessian 矩阵。Hessian 矩阵 H 为具有如下元素的$(M+1)\times(M+1)$正方矩阵：

$$H_{mm'} = \frac{\partial^2 E_{\mathrm{D}}}{\partial w_m \partial w_{m'}} \qquad (m, m' = 0, \cdots, M) \tag{2.12}$$

代入 E_{D} 的定义式（2.4）得到如下形式：

$$H_{mm'} = \sum_{n=1}^{N} x_n^{m'} x_n^m \tag{2.13}$$

使用式（2.10）可以发现，式（2.11）中逆矩阵部分的矩阵和 Hessian 矩阵是一致的。

$$\mathbf{H} = \Phi^{\mathrm{T}}\Phi \tag{2.14}$$

此时 $M+1 \leqslant N$，即系数个数$M+1$小于等于训练集的数据个数 N，明确了 Hessian 矩阵为正定值。所谓正定值就是对任意的矩阵$\mathbf{u} \neq 0$，都有$\mathbf{u}^{\mathrm{T}}\mathbf{H}\mathbf{u} > 0$成立。这里由式（2.14）可计算得出如下结果：

$$\mathbf{u}^{\mathrm{T}}\mathbf{H}\mathbf{u} = \mathbf{u}^{\mathrm{T}}\Phi^{\mathrm{T}}\Phi\mathbf{u} = \|\Phi\mathbf{u}\|^2 > 0 \tag{2.15}$$

最后的不等号成立（不含等号）仅限于$\Phi\mathbf{u}\neq 0$的情况。回顾Φ的定义，$\Phi\mathbf{u}=0$时，元素个数为$M+1$的矩阵u变换为N个齐次联立一次方程，$M+1\leqslant N$的情况下无法得出非明显解$\mathbf{u}\neq 0$[①]。因此，$\Phi\mathbf{u}\neq 0$一定成立，Hessian 矩阵$\Phi^{\mathrm{T}}\Phi$为正定值。

我们还可以对正定值矩阵具有逆矩阵进行证明，的确存在逆矩阵$(\Phi^{\mathrm{T}}\Phi)^{-1}$，通过式（2.11）可以唯一确定停留点。那么，Hessian 矩阵的正定值表示该停留点为赋给E_{D}的极小值[②]。这样（2.11）式就给出了E_{D}最小化时唯一的 w 系数。

相反，$M+1>N$时，即系数个数超过训练集的数据个数时，又是什么结果呢？在这种情况下，因为 Hessian 矩阵为半正定值，$\mathbf{u}^{\mathrm{T}}\mathbf{H}\mathbf{u}\geqslant 0$，存在多个使$E_{\mathrm{D}}$最小化的 w，所以无法唯一确定。2.1.4 节会再次对这部分内容进行详细说明。

2.1.4 示例代码的确认

现在继续计算，再次将计算结果归纳为公式形式。在给定分析对象的训练集$\{(x_n,t_n)\}_{n=1}^{N}$时，我们目的是使用该训练集来确定推断目标变量t的M次多项式$f(x)$。具体来说，我们可以得出如下式所示的系数$\{w_m\}_{m=0}^{M}$：

$$f(x)=\sum_{m=0}^{M}w_m x^m \tag{2.16}$$

这里使用下式计算得出的二乘误差取最小值时的条件：

$$E_{\mathrm{D}}=\frac{1}{2}\sum_{n=1}^{N}\{f(x_n)-t_n\}^2 \tag{2.17}$$

$M+1\leqslant N$时，即系数个数$M+1$小于等于训练集中含有的数据个数时，系数可通过下面的公式计算得出。

① 也就是说必须表示出构成Φ各行的向量之间是相互线性独立的，从式（2.10）可以确认。

② 2.3 节会进行详细介绍。本例中 Hessian 矩阵所有的 w 都是正定值，E_{D}为开口向上的抛物线。

$$\mathbf{w} = (\mathbf{\Phi}^{\mathrm{T}}\mathbf{\Phi})^{-1}\mathbf{\Phi}^{\mathrm{T}}\mathbf{t} \tag{2.18}$$

w 为所求系数的行向量$\mathbf{w} = (w_0, \cdots, w_M)^{\mathrm{T}}$，$t$ 为训练集含有的目标变量的行向量$\mathbf{t} = (t_1, \cdots, t_N)^{\mathrm{T}}$。$\mathbf{\Phi}$为由 N 个观测点$\{x_n\}_{n=1}^{N}$的$0 \sim M$次方的值构成的行向量。

$$\mathbf{\Phi} = \begin{pmatrix} x_1^0 & x_1^1 & \cdots & x_1^M \\ x_2^0 & x_2^1 & \cdots & x_2^M \\ \vdots & \vdots & \ddots & \vdots \\ x_N^0 & x_N^1 & \cdots & x_N^M \end{pmatrix} \tag{2.19}$$

以给定训练集为原始数据执行式（2.18）的计算，确定多项式$f(x)$后即可描绘出图表。这里使用示例代码“02-square_error.py”确认实际描绘出的图形结果，执行顺序如下。

```
$ ipython [Enter]
In [1]: cd ~/ml4se/scripts [Enter]
In [2]: %run 02-square_error.py [Enter]
```

执行示例代码，程序会打开两个描绘图形的窗口，显示两种类型的图形。这里重点关注如图 2-2 所示的图像。本段代码使用 1.3.1 节中的“例题 1”解释过的方法生成训练集数据，并将次数分别为$M = 0, 1, 3, 9$的 4 种多项式应用于训练集。

图 2-2 中的虚线曲线是生成数据源的正弦函数$y = \sin(2\pi x)$。此时，用黑点表示与标准差为 0.3 的随机数相加得出的数据。实线图形表示用最小二乘法计算这些数据得出的多项式。$M = 0$时，多项式为常数项$f(x) = w_0$，图形为一条横直线。$M = 1$时，多项式为直线$f(x) = w_0 + w_1 x$。多项式次数增加后，图形的形状逐渐变得更加复杂。执行示例代码的终端会输出如图 2-3 所示的结果，表示计算系数$\{w_m\}_{m=0}^{M}$得出的具体值。

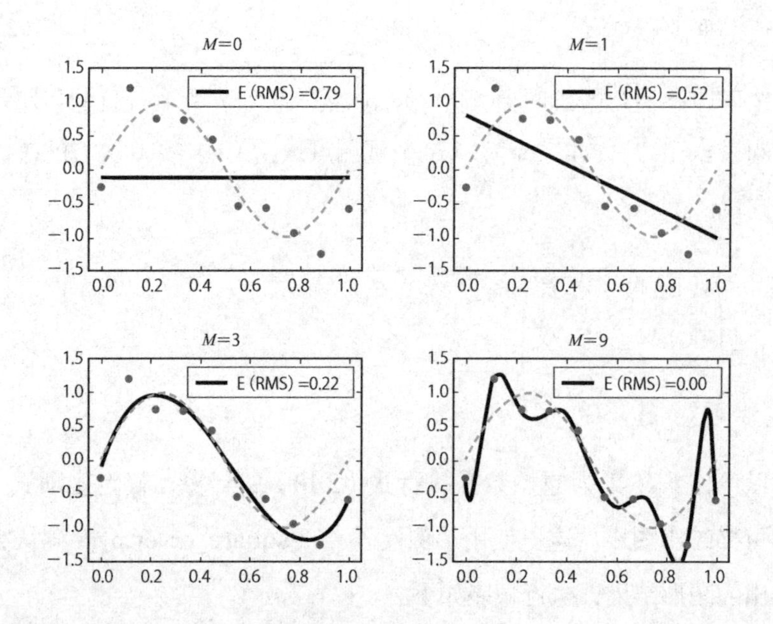

▲图 2-2　基于最小二乘法的多项式近似结果

Table of the coefficients

	M=0	M=1	M=3	M=9	
0	-0.112264	0.804204	-0.076368	-0.271450	w_0
1	NaN	-1.832936	10.422071	-43.742496	w_1
2	NaN	NaN	-29.749878	1653.518843	w_2
3	NaN	NaN	18.794226	-17821.148677	⋮
4	NaN	NaN	NaN	93099.006939	⋮
5	NaN	NaN	NaN	-272750.963558	⋮
6	NaN	NaN	NaN	470428.678829	⋮
7	NaN	NaN	NaN	-473855.244333	⋮
8	NaN	NaN	NaN	257740.296468	⋮
9	NaN	NaN	NaN	-58450.727453	w_9

▲图 2-3　通过最小二乘法计算出的系数值

此时回看图 2-2 中的 4 幅图，$M=3$ 时的图形和原始正弦函数 $y=\sin(2\pi x)$ 最接近。$M=9$ 时的图形虽然覆盖了训练集中的所有点，但整体呈椭圆形。2.1.2 节中思考 M 的取值那一部分内容有进一步说明，只看结果的话，采用 $M=3$ 是比较好的。

但是，只靠视觉判断也不是很好。这里处理的数据很单一，比较容易描绘出图形，如果有多个特征变量（即使用“特征向量”的情况），就很难描绘出图形。在无法描绘图形时，需要找到以更客观的标准确定最佳次数 M 的方法。2.2 节会对这部分内容进行介绍。

这里补充说明一下图 2-2 中的 E（RMS）值。各个图形都是在满足二乘误差 E_{D} 最小条件时确定多项式系数，观察最小化的 E_{D} 的具体值即可得出新的见解。但是，我们需要稍微加工一下 E_{D}，使用如下形式的值：

$$E_{\mathrm{RMS}}=\sqrt{\frac{2E_{\mathrm{D}}}{N}} \tag{2.20}$$

这个值被称为均方根误差（Root Mean Square Error），它表示“多项式预测的值和训练集的值之间的平均差异程度”。图 2-2 中的 E(RMS）就表示各个图形的均方根误差值。根据均方根误差的上述含义，反过来看就可以理解 E_{D} 的定义了。

$$E_{\mathrm{D}}=\frac{1}{2}\sum_{n=1}^{N}\left(\sum_{m=0}^{M}w_m x_n^m-t_n\right)^2 \tag{2.21}$$

该式表示将训练集含有的 N 个数据变形为“多项式预测值和训练集值之差的二次方之和的 1/2”。因此，将该式乘以 $2/N$ 即可得到“多项式预测值和训练集值之差的二次方之和的均值”，再开平方根可以抵消“二次方”的效果，即可得到均方根误差。

更理论性的证据可以参考图 2-2 所示的多项式近似曲线和训练集数据的偏离程度。$M=0$时，多项式近似直线几乎为 0，训练集数据大致散布在$0\sim\pm1$的范围内。因此，$E_{\mathrm{RMS}}=0.79$，即平均 0.79 程度的偏离是最期望的结果（见图 2-4）。增加多项式次数，多项式近似曲线会穿过训练集数据附近，E_{RMS}的值逐渐减小。$M=3$时，$E_{\mathrm{RMS}}=0.22$，多项式近似曲线

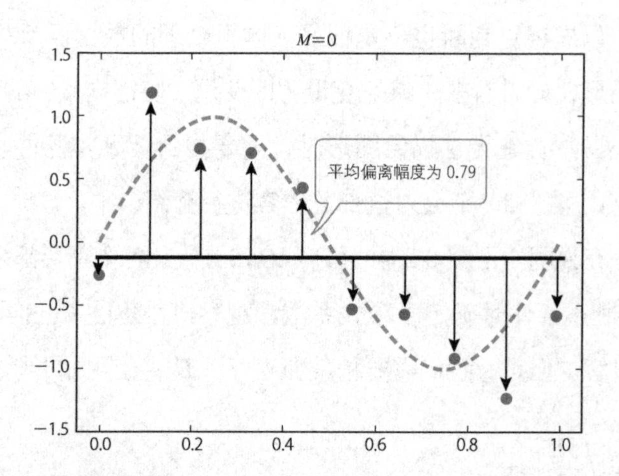

▲图 2-4　**均方根误差的含义**

和各数据之间有 0.22 程度的偏离。

$M=9$的情况稍微有点极端，正如先前提到的，多项式近似曲线会正确穿过所有数据，此时$E_{\text{RMS}}=0$。其实，从参数的数值考虑的话，理所应当是这个结果。$M=9$时有$w_0\sim w_9$共 10 个多项式系数。调整 10 个参数便可绘制出穿过任意10个点的曲线，使误差必然为0是有可能实现的。

继续讨论 $M\geqslant 10$ 的情况，即数据个数超过参数的个数，并穿过所有数据，也就是说，存在无数个使$E_{\text{RMS}}=0$的系数。2.1.3 节中说明过，$M+1>N$ 时（即 $M\geqslant N$时）式（2.11）通常是不成立的，无法唯一确定系数。这里正好是同一个道理。

2.1.5　统计模型的最小二乘法

将最小二乘法应用到训练集，可以确定用于预测目标变量 t 的多项式。虽然仍遗留着如何决定最佳多项式系数的问题，但这里我们先再次回顾一下基于一般统计模型观点的最小二乘法过程。

要正确定义“统计模型”是非常困难的，本书中的定义为“对某些现象使用统计学的方法进行说明，或者创建预测模型（数学公式）”。此时我们所采用的被称为参数模型的方法，通过下面的三个步骤确定目标模型（即数学公式[①]）：

（1）设置包含参数的模型（数学公式）；

（2）设定评价参数的标准；

（3）确定获得最优评价的参数。

首先，虽说要生成说明 / 预测现象的模型（数学公式），但像变魔术般凭空产生数学公式还是很困难的，因此我们可以先提出某些假设，在一定程度上确定数学公式的形式。在前面最小二乘法的例子中，我们可以将之后得出的预测目标变量 t 的数学公式假定为 M 次多项式。此时的多项式系数保留，作为未知参数。我们可以通过改变该参数值来调整模型。这就是第一步的内容。

由图 2-5 可知，说明现象的数学公式虽然考虑到了所有参数，但我们无法探讨所有的模式，只能以包含参数的形式限定数学公式的范围，选出其中最好的。大千世界中有不计其数的数学公式，我们首先应该在一定范围内探索最佳选择。图 2-5 分别表示了$M=1$（两个参数为w_0和w_1）和$M=2$（三个参数为$w_0 \sim w_2$）的情况，多项式次数 M 的增加表明只扩大这个程度的探索范围。

接着，我们应该在探索范围内确定可以得出最佳数学公式的参数，但在此之前必须导入判断参数好坏的标准。最小二乘法中设定的标准为：式（2.4）计算得出的二乘误差 E_D 越小，模型越优。这就是第二步的内容。

① 严格来说，参数模型是使用具有参数的概率分布的模型，这里定义为使用某些“数学公式”来说明 / 预测现象。第 3 章将会介绍使用概率分布的模型。

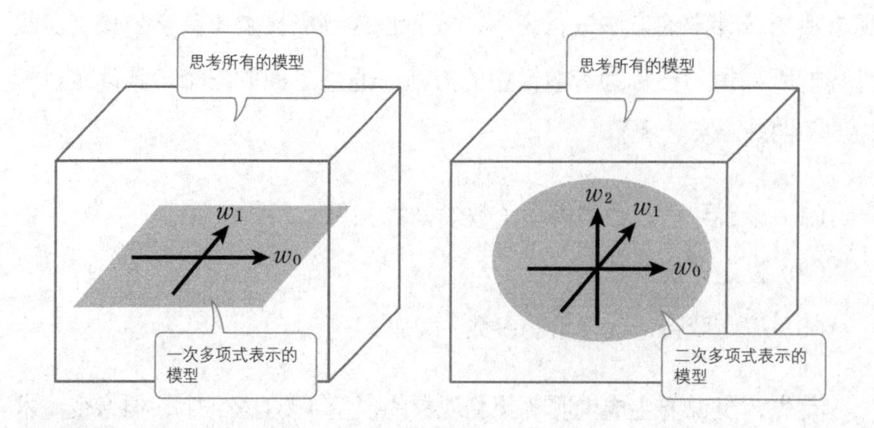

▲图 2-5 **基于参数调整模型**

但设定参数判断标准时是有自由度的。使用二乘误差 E_{D} 之外的标准时，有可能得出不同于最小二乘法的结果。此时，判断哪个标准更好其实是一个相当深奥的问题，通读全书后可以更深入地理解这一点。

无论如何，只要设定好某种判断标准，之后就要遵照该标准来确定最佳参数值。这就是第三步的内容。在最小二乘法中，二乘误差 E_{D} 最小化的参数已经在 2.1.3 节中通过计算得出，我们也理解了式（2.18）的含义。

在下一章开始的例子中，通常不会有这样简单的公式解，这也显现出使用计算机进行数值计算求近似解的必要性。前面曾经提到，如何选择参数的判断标准是一个非常深奥的问题。使用最小二乘法时，所谓的"通过简单计算求出严密解"可以说是选择二乘误差 E_{D} 作为判断标准的理由。

可能会有读者提出"使用如此简单的理由好吗"这样的疑问，但这绝不是简单的理由。通过简单的计算从数学上分析模型，才有可能深入理解该模型的特征。回顾 1.1 节中的图 1-4，机器学习得出的结果是无法直接应用到商业决策中的。只有充分掌握所用模型的数学性质，深入理解计算结果的含义，才能对作用于现实商业的判断指标进行更合适的变换。就像第1章中“不好的例子”中说过的，在没有理解模型性质的情况下直接将计算结果应用到商业领域的做法是行不通的。

2.2 过度拟合检出

本节将对2.1.4节提出的确定最佳次数M的方法进行思考。在此之前，我们要先回顾一下“运用机器学习的目的”。

从上一节的讨论可知，机器学习无非就是以给定的训练集数据为基准，确定最佳参数的组合。另一方面，数据科学很重要的一部分内容是判断得出的结果是否对“预测未知值”有用。我们基于这样的观点进行后面的讨论。

2.2.1 训练集和测试集

如2.1.4节中的图2-2所示，随着多项式系数的增加，我们能更加正确地再现训练集数据。例子中，当$M=9$时，均方根误差可以为0。然而，训练集包含的数据为“偶然得到的值”，因此下次取数据时便无法得到相同的值。例子中的数据是通过叠加正弦函数$y=\sin(2\pi x)$与标准差为0.3的随机数生成的，我们不可能准确预测出下一次得出的值，从概率上说，最好是能求解得出这样的正弦函数值。从图2-2所示的图形判断出“推荐使用$M=3$”就是基于这样的思考方法。

那么，每次描绘图形时都判断最佳次数是否合适呢？这里搞混了两个含义。首先，如先前所述，处理复杂数据时描绘图形比较困难，更重要的是没人知道原始正解曲线［该例是正弦函数$y=\sin(2\pi x)$］。回顾1.3.1节中的“例题1”，问题的前提条件是只有图1-7中的训练集。在不清楚正解曲线的情况下，用肉眼观察得出的图形是很难判断并得出结论的。

在这里还需要说一下假说 / 验证的“科学思维”。如果我们的目的是预测未知值，那么实际预测出未知值后，我们还应该验证到底在何种程度上实现了正确预测。在本节的例子中，训练集另当别论，再次生成测试用数据，并确认这些数据对应什么样的多项式是比较合适的[①]。

对于实际问题无法“再次生成测试用数据”，此时就要事先把可能用到的数据分为训练集和测试集（见图 2-6）。具体流程为使用训练用的数据（训练集）进行机器学习，再用测试用的数据（测试集）对得出结果进行评价。

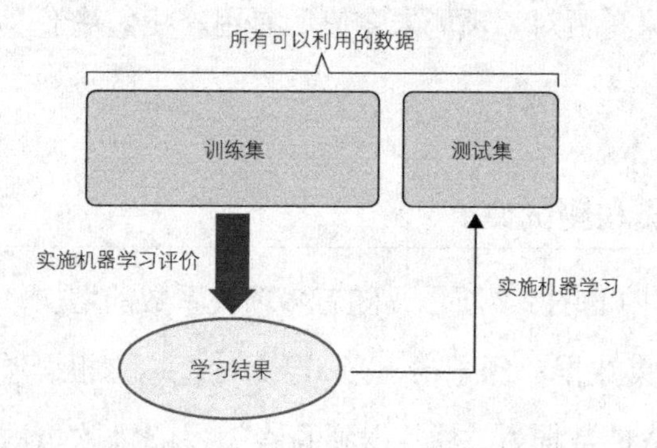

▲图 2-6　**训练集和测试集的划分**

后面会详细介绍这种方法，这里我们先使用示例代码来验证测试集。

2.2.2　测试集的验证结果

先前执行的示例代码“02-square_error.py”输出的是测试集的验证结果。如图 2-7 所示，事先生成训练集和测试集两种类型的数据，使用

① 如果能知道原始正解，就不需要用多项式近似进行推定。

训练集数据确定多项式系数，再用得出的多项式分别计算训练集和测试集的均方根误差。

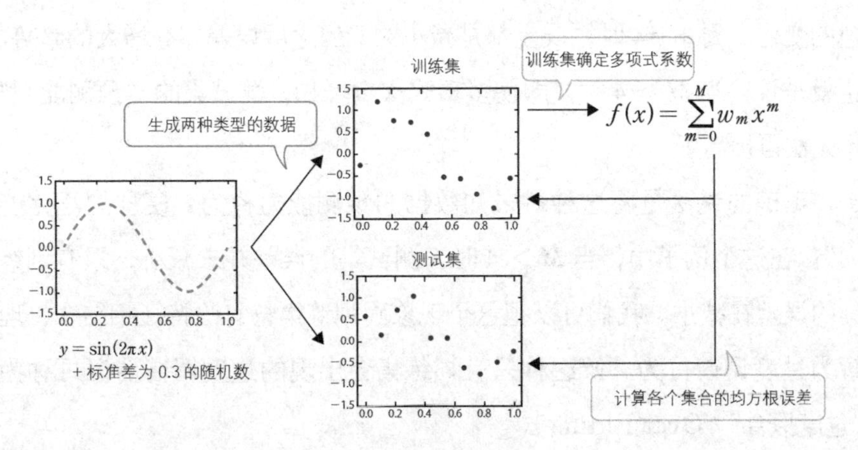

▲图 2-7 示例代码“02-square_error.py”的流程

运行该示例代码，再加上图 2-2 得出如图 2-8 所示的图形。该图形表示将训练集和测试集的多项式次数 M 分别取 0~9 的值时，相应的均方根误差的变化情况，其中实线表示训练集，虚线表示测试集。

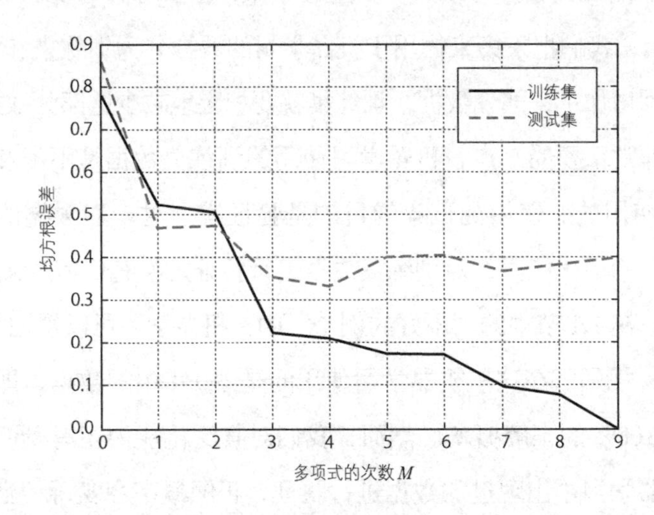

▲图 2-8 训练集和测试集的均方根误差变化情况

对于训练集，随着次数增加，误差逐渐减小，当 $M=9$ 时，误差为 0，得出与图 2-2 相同的结果。另一方面，测试集的误差出现了一些有趣的变化。到 $M=4$ 时，误差都是减小的，但之后误差却有增大的趋势。也就是说，当 $M>4$ 时，即使多项式次数增加，测试集的“预测能力”也无法再提高了。

正确的说法是将这种对未知数据的预测能力称为“模型的泛化能力”。在这个例子中，当 $M>4$ 时，测试集的误差并未减小，只有训练集的误差在减小。我们可以把这个现象同训练集特有的特征相结合，理解为过度调谐行为。像这种只有训练集会出现的过度调谐情况可称为“过度拟合”（Over Fitting）。

2.2.3 基于交叉验证的泛化能力验证

从上面的例子和图 2-8 所示的结果可知，$M=4$ 附近开始出现过度拟合的情况。虽然这么说，但仅仅根据结果得出结论的话并不是很有把握。采集更多的测试集数据可以进一步验证结果，但实际并非那么简单。如图 2-6 所示，我们把采集来的用于机器学习的数据分为训练集和测试集，测试集数据增加了一部分数据，训练集就要相应地减少这部分数据。

这是非常重要的一点，机器学习使用的训练集数据是不能和测试集数据混合使用的。使用测试集的目的是验证模型对未知数据的预测能力，即模型的泛化能力，对训练集数据进行验证是没有任何意义的。

例如，在 1.1 节中的“不好的例子”中，机器学习可以得出如图 1-3 所示的判断规则。在这里机器学习使用的是图 1-1 中的数据，即训练集得出的是 100% 的正解概率。然而，我们对其泛化能力还有疑问。如果用未在机器学习中出现过的数据进行验证，正解概率会变得相当低。通常来说，训练集的正解概率不能用于判断模型的有用性。当然，随之得出的必然是错误的商业判断结果。

那么，我们应该如何利用这些宝贵数据进行机器学习，并进行更合适的验证呢？此时我们可以利用图 2-9 所示的交叉验证（Cross Validation）方法。图 2-9 的例子将可以利用的数据划分为 Part1~Part5 共 5 组，选其中任意一组作为测试集。使用不同的测试集得出全部五种类型的测试结果，之后便可以综合判断验证结果。

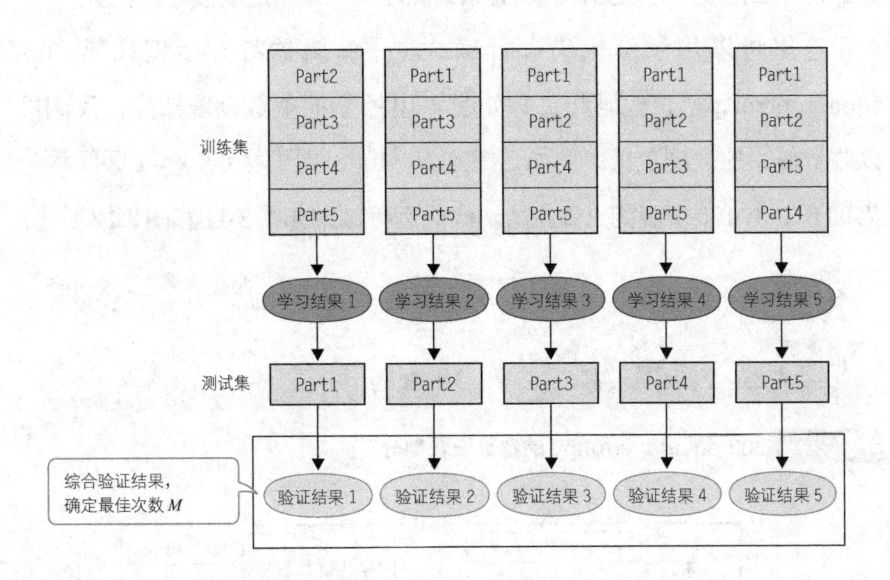

▲图 2-9 **基于交叉验证的泛化能力验证**

此时，我们不仅要验证结果，还要注意各个学习结果的不同之处。将各不相同的训练集用到本章的“例题 1”中的话，可以得到系数不同的多项式。因此，这个步骤得到的学习结果不能当成最终结果。现在验证测试集的目的是找到不产生过度拟合的最佳次数 M，首先要根据 5 种类型的验证结果，确定产生过度拟合（泛化能力不再提高）的次数 M。确定最佳次数 M 后，将 Part1~Part5 所有数据作为训练集，再次进行多项式系数确定过程。

2.2.4 基于数据的过度拟合变化

作为最小二乘法的最后一部分内容，本节将介绍数据个数和过度拟合之间的关系。对于图 2-2 所示的结果，回忆一下 $M=9$ 时均方根误差为 0 的原因。原因就是训练集的数据个数为 10，如果参数超过 10 个，那么就可以正确再现所有数据。反过来说，如果数据个数非常多，即使多项式次数增加也无法再现所有数据，可以想象到此时很难发生过度拟合的现象。

这里可以用示例代码进行确认。用编辑器打开示例代码“02-square_error.py”，代码开头有如图 2-10 所示的参数设置部分，我们可以改变使用的数据数量。例如，指定 $N=100$，则可将 $0\leqslant x\leqslant 1$ 区间均分为99份，共100个观测点$\{x_n\}_{n=1}^{100}$。代码运行结果如图 2-11 和图 2-12 所示。

```
# --------- #
# Parameters #
# --------- #
N=10                #取样位置X的个数
M=[0,1,3,9]         #多项式次数
```

▲图 2-10　02-square_error.py 的参数设置部分

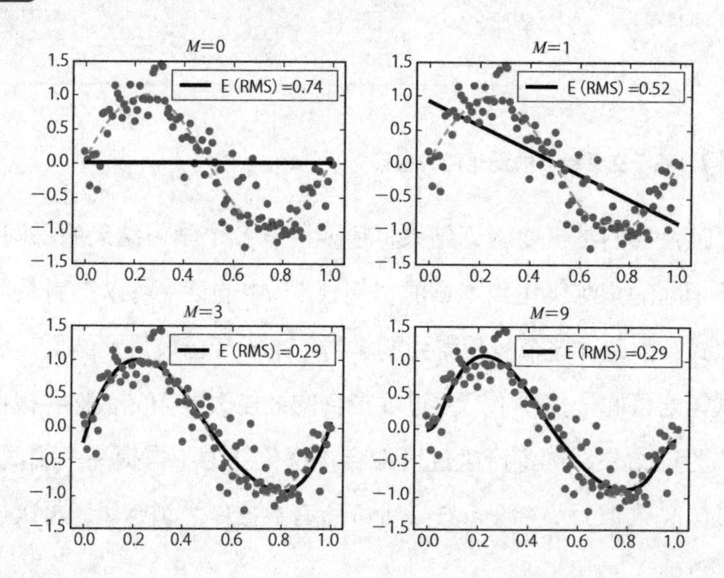

▲图 2-11　N=100 的运行结果（多项式近似图形）

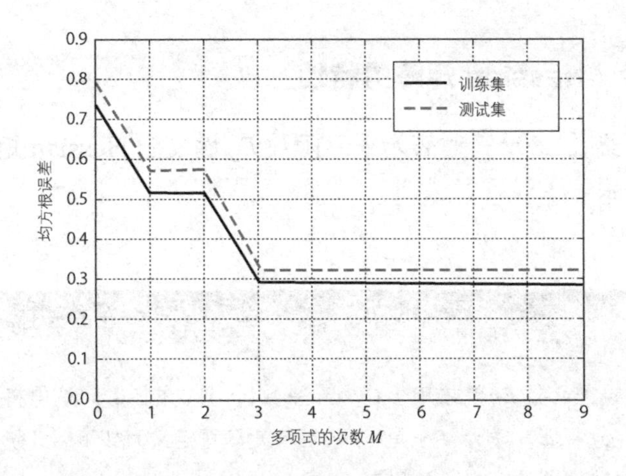

▲图 2-12　N=100 的运行结果（均方根误差的变化）

如图2-11所示，即使增加多项式次数，图形也不会发生太大的形变，$M=3$和$M=9$时，均方根误差的值都是 0.29。再看图 2-12, 我们可以发现均方根误差的明显特征。$M>3$ 时，训练集和测试集的均方根误差约为 0.3 且几乎不再变化。由此可知，该数据本质上存在 0.3 幅度的误差，均方根误差达到 0.3 时，即使 $M>3$，模型的泛化能力也不再增加。

根据这个结果，我们可以理解训练集使用的数据个数和过度拟合之间的关系。数据不多时，采集来的数据所具有的偶然性特征比分析对象的本质特性更容易显现出来，因此很容易得到该数据特有的验证结果，也只有过度拟合时才会出现这种情况。一般来说，分析对象的数据越多，越能捕捉到其本质特征。

图 2-10 中的“M=[0,1,3,9]”部分可以指定 4 个描绘图形的多项式的次数。想确认取其他次数的图形时，可以修改这部分值并运行示例代码。但如 2.1.3 节所述，数据个数 N 必须满足 $M+1\leqslant N$（即 $M<N$）的条件。$M\geqslant N$ 时，确定系数的式（2.11）不成立，无法得到正确结果。

2.3 附录　Hessian 矩阵的特性

本节围绕 2.1.3 节，对表示误差函数 E_D 性质的 Hessian 矩阵的基本性质进行说明。

数学之家

首先，误差函数 E_D 是依赖于$M+1$个系数$\{w_m\}_{m=0}^{M}$的函数。这里将所有系数用向量$\mathbf{w}=(w_0,\cdots,w_M)^{\mathrm{T}}$表示。于是，Hessian 矩阵可定义为如下以二阶偏微分系数为元素的$(M+1)\times(M+1)$正方矩阵：

$$H_{mm'}=\frac{\partial^2 E_D}{\partial w_m \partial w_{m'}} \quad (m,m'=0,\cdots,M) \tag{2.22}$$

在前面的最小二乘法的例子中，式（2.13）给出了$H_{mm'}$，变换为不依赖系数 $\mathbf{w}$ 的“常数矩阵”，通常 Hessian 矩阵是系数 $\mathbf{w}$ 的函数。

这里$\tilde{\mathbf{w}}$为误差函数的停留点，即：

$$\frac{\partial E_D(\tilde{\mathbf{w}})}{\partial w_m}=0 \quad (m=0,\cdots,M) \tag{2.23}$$

在该式成立的情况下，由$\tilde{\mathbf{w}}$的 Hessian 矩阵值可以判定停留点的极小特性。具体来说，如果该点的 Hessian 矩阵为正定值，即对任意的向量$\mathbf{u}\neq\mathbf{0}$都有$\mathbf{u}^{\mathrm{T}}\mathbf{H}(\tilde{\mathbf{w}})\mathbf{u}>0$成立，则将该停留点赋给极小值。

这里使用微小变量公式$\Delta\mathbf{w}=(\Delta w_0,\cdots,\Delta w_M)^{\mathrm{T}}$对$\tilde{\mathbf{w}}$进行泰勒展开。

$$\begin{aligned}
&E_D(\tilde{\mathbf{w}}+\Delta\mathbf{w})-E_D(\tilde{\mathbf{w}}) \\
&\quad=\frac{1}{2}\sum_{m,m'=0}^{M}\frac{\partial^2 E_D(\tilde{\mathbf{w}})}{\partial w_m \partial w_{m'}}\Delta w_m \Delta w_{m'}+O(\|\Delta\mathbf{w}\|^3) \\
&\quad=\frac{1}{2}\Delta\mathbf{w}^{\mathrm{T}}\mathbf{H}(\tilde{\mathbf{w}})\Delta\mathbf{w}+O(\|\Delta\mathbf{w}\|^3)
\end{aligned} \tag{2.24}$$

若$\mathbf{H}(\tilde{\mathbf{w}})$为正定值，对任意的$\Delta\mathbf{w}\neq\mathbf{0}$都有$\Delta\mathbf{w}^{\mathrm{T}}\mathbf{H}(\tilde{\mathbf{w}})\Delta\mathbf{w}>0$成立，对任意极小$\Delta\mathbf{w}$都有

$$E_D(\tilde{\mathbf{w}}+\Delta\mathbf{w})-E_D(\tilde{\mathbf{w}})>0 \quad (2.25)$$

成立。因此，停留点 $\tilde{\mathbf{w}}$ 为 E_D 的极小值。

另外，若 H 为正定值，则下面的公式表示存在逆矩阵 $\mathbf{H}^{-1}$。$\mathbf{H}$ 为对称矩阵，可对角化成为直角矩阵。

$$\mathbf{P}^{\mathrm{T}}\mathbf{H}\mathbf{P}=\mathrm{diag}[\lambda_0,\cdots,\lambda_M] \quad (2.26)$$

式中的 $\mathrm{diag}[\lambda_0,\cdots,\lambda_M]$ 是对角元素为 $\mathbf{H}$ 固有值 $(\lambda_0,\cdots,\lambda_M)$ 的对角矩阵。根据 H 为正定值，设置：

$$\mathbf{u}=\mathbf{P}\begin{pmatrix}0\\ \vdots\\ 1\\ \vdots\\ 0\end{pmatrix}\neq 0 \quad (2.27)$$

则下式成立：

$$\mathbf{u}^{\mathrm{T}}\mathbf{H}\mathbf{u}=(0,\cdots,1,\cdots,0)\mathbf{P}^{\mathrm{T}}\mathbf{H}\mathbf{P}\begin{pmatrix}0\\ \vdots\\ 1\\ \vdots\\ 0\end{pmatrix}=(0,\cdots,1,\cdots,0)\mathrm{diag}[\lambda_0,\cdots,\lambda_M]\begin{pmatrix}0\\ \vdots\\ 1\\ \vdots\\ 0\end{pmatrix}$$
$$=\lambda_m>0 \quad (m=0,\cdots,M) \quad (2.28)$$

即 $\mathbf{H}$ 的固有值都为正值。最后考虑直角矩阵 $\mathbf{P}$ 的行列式为 ±1 $(|\mathbf{P}^{\mathrm{T}}|=|\mathbf{P}|=\pm1)$ 的情况，使用式（2.26）可对 $\mathbf{H}$ 的行列式进行如下转换：

$$|\mathbf{H}|=|\mathbf{P}^{\mathrm{T}}\mathbf{H}\mathbf{P}|=\prod_{m=0}^{M}\lambda_m>0 \quad (2.29)$$

结果表明存在逆矩阵 $\mathbf{H}^{-1}$。

最优推断法：使用概率的推断理论

第3章 最优推断法：使用概率的推断理论

本章将介绍使用了最优推断法的回归分析，使用的例题和前一章相同，也是 1.3.1 节中的“例题 1”。到目前为止，我们已经知道，数据科学处理的问题并不存在绝对的正解。因此，我们需要对同一个问题采用多种方法来努力接近问题的本质。

话虽如此，但没有头绪地纠结于数据也是行不通的。我们在 2.1.5 节中已经解释过“统计模型的思路”，我们将以参数模型的三个步骤为指导方针，整理最小二乘法和最优推断法的相似点和不同点，以此推进讨论。

3.1 概率模型的利用

最优推断法首先设定“取得某数的概率”，然后以此确定最佳参数。这里突然提出了概率的概念，读者可能会不太理解，但使用概率进行分析可以说是统计模型领域的正统方法。读者可以结合前面的三个步骤来理解。

慎重起见，这里再次列出“参数模型的三个步骤”：

（1）设置包含参数的模型（数学公式）；

（2）设定评价参数的标准；

（3）确定获得最优评价的参数。

3.1.1 “数据的产生概率”设置

首先再次确认一下问题数据。图 3-1 重现了用作训练集的数据。相同的图形反复出现，可能会让读者感到有点儿厌倦，在这里我们再次对数据的“本质性质”进行思考。

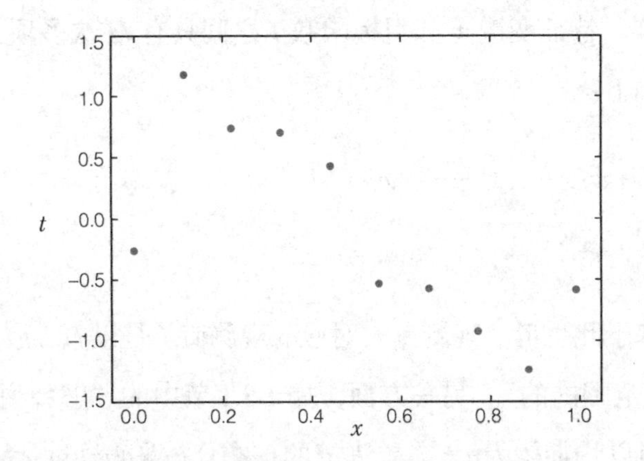

▲图 3-1　由 10 个观测点得到的数据

通常来说，回归分析能够推断出数据背后隐藏的函数关系，但就算像最小二乘法那样发现了“正确穿过所有点的函数”，对预测未来也没有什么帮助，因为在此过程中产生了这些数据所特有的过度拟合现象。这些数据本质上含有某些误差，要正确预测未来，就必须对“含有多大程度的误差”这个问题进行分析。

我们可以认为最小二乘法中多项式近似得出的函数表示的是由误差造成的方差的中心部分。对于接下来需要预测的数据，如果我们能得出中心部分的值，那么预测值应该就不会有很大的出入。进一步深入讨论，如果知道这些数据所具有的误差的大小又会怎样呢？数据科学处理的问题实际大部分都无法进行完全预测。因此，“到何种程度、范围时预测开始发生偏离”是商业视角的重要信息。

这里假设“数据具有 M 次多项式的关系，而且含有标准差为σ的误差”。“标准差为σ”是指观察数据大约在$\pm\sigma$的范围内发生变动。虽然这里假设 M 次多项式的关系的做法和最小二乘法是一样的，但同时也新增加了关于误差的假设。

用数学公式表示该假设的话，自然会引出概率的概念。首先，和最小二乘法一样，特征变量 x 和目标函数 t 之间具有 M 次多项式的关系。多项式表示如下：

$$
\begin{aligned}
f(x) &= w_0 + w_1 x + w_2 x^2 + \cdots + w_M x^M \\
&= \sum_{m=0}^{M} w_m x^m
\end{aligned}
\tag{3.1}
$$

请读者基于此思考“观测点 x_n 对应的观测值 t 是以 $f(x_n)$ 为中心，散布在 $f(x_n) \pm \sigma$ 范围内的”。另一方面，如 1.3.1 节中的“解释说明”部分所述，我们可以用期望为 μ、方差为 σ^2 的正态分布来表现以 μ 为中心，散布在 $\mu \pm \sigma$ 范围内的随机数①。正态分布如图 3-2 所示，它是由以 μ 为中心，开口向下、钟形分布的随机数构成的。

这个钟形图形可以表示为下式：

$$
\mathcal{N}(x \mid \mu, \sigma^2) = \frac{1}{\sqrt{2\pi\sigma^2}} e^{-\frac{1}{2\sigma^2}(x-\mu)^2} \tag{3.2}
$$

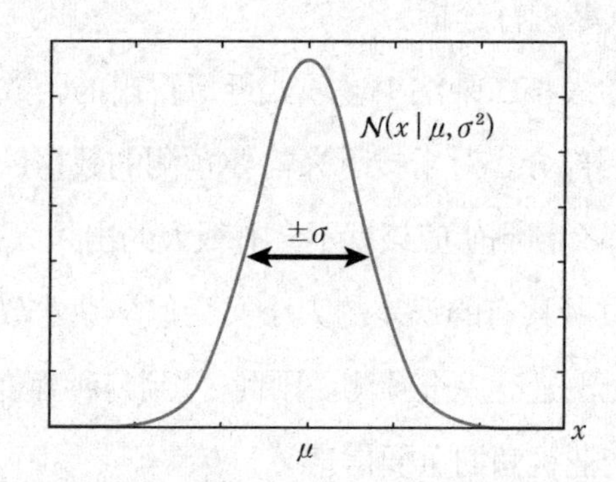

▲图 3-2 正态分布的概率密度

① 一般将标准差的二次方称为方差。

但该式成立的前提是变量 x 的值为散布在一定范围内的随机数。此处的随机数为观测值 t，分布的中心为 $f(x_n)$，可表示为下式：

$$\mathcal{N}(t \mid f(x_n),\ \sigma^2) = \frac{1}{\sqrt{2\pi\sigma^2}} \mathrm{e}^{-\frac{1}{2\sigma^2}\{t-f(x_n)\}^2} \tag{3.3}$$

如图 3-3 所示，对于各个观测点 x_n，我们可以认为以 $f(x_n)$ 为中心的钟形概率是观测值 t 的方差。

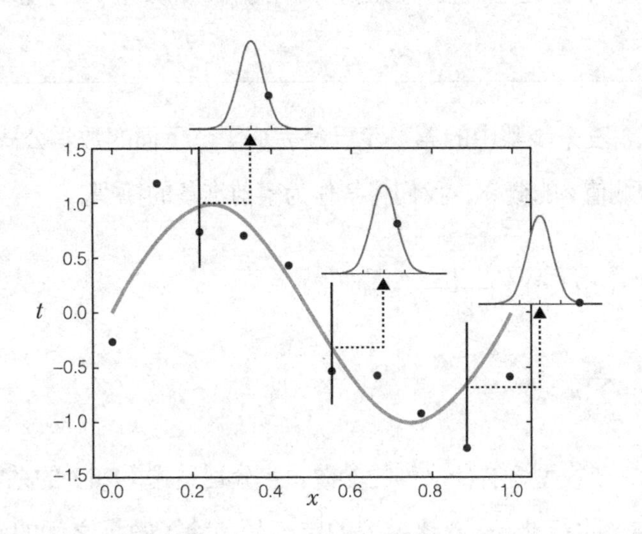

▲图 3-3 表示观测值方差的概率

请读者注意这里的观测值 t 和“接下来观测到的值”中提到的点。作为训练集的 t_n 是已经观测到的特定值，接下来应该取与之不同的观测值 t。请读者思考一下用式（3.3）计算新的 t 值的概率。设 t_0 为具体值，如果知道 $t = t_0$ 的概率，那么通过下式即可计算得出：

$$\mathcal{N}(t_0 \mid f(x_n),\ \sigma^2) = \frac{1}{\sqrt{2\pi\sigma^2}} \mathrm{e}^{-\frac{1}{2\sigma^2}\{t_0-f(x_n)\}^2} \tag{3.4}$$

数学之家

严格按照数学概念来说的话，式（3.4）是表示概率密度的式子，Δt 为极小值，可以正确表示出“新的 t 值在$t_0 \sim t_0+\Delta t$范围内的概率为 $\mathcal{N}(t_0 \mid f(x_n),\sigma^2)\Delta t$”。考虑到数学上的严密性，我们可以适当地把“概率”的说法替换为“概率密度”来理解。

此外，后面还对“确定某概率的最大化参数”问题进行了解答。此时概率最大化参数和概率密度最大化参数是同一个概念，计算时都采用概率密度的概念进行讨论。

至此，三个步骤中的第一步已经完成了。下面的数学公式表示观测点x_n的观测值 t 的概率，我们将其作为事前准备的模型。

$$\mathcal{N}(t \mid f(x_n),\ \sigma^2)=\frac{1}{\sqrt{2\pi\sigma^2}}\mathrm{e}^{-\frac{1}{2\sigma^2}\{t-f(x_n)\}^2} \tag{3.5}$$

$$f(x)=\sum_{m=0}^{M} w_m x^m \tag{3.6}$$

那么，该模型含有什么样的参数呢？分别是式（3.6）的系数$\{w_m\}_{m=0}^{M}$和式（3.5）的标准差σ。该模型的特征是，除了数据之间的函数关系，数据中包含的误差也可以由该模型推测出来。下一步我们要设定评价这些参数值的标准，以确定最佳参数值（$\{w_m\}_{m=0}^{M}$和σ）。

可能有读者会注意到，讨论中提到了数据含有的误差，也就是“以μ为中心，散布在$\mu\pm\sigma$范围内的随机数”是采用正态分布的理由。正态分布是由如图 3-2 所示的开口向下、钟形分布的随机数构成的，但并非只有这一种可能。例如，图 3-4 所示的图形就是所有满足数学条件“均值为 0，标准差为 0.3”的概率分布图。

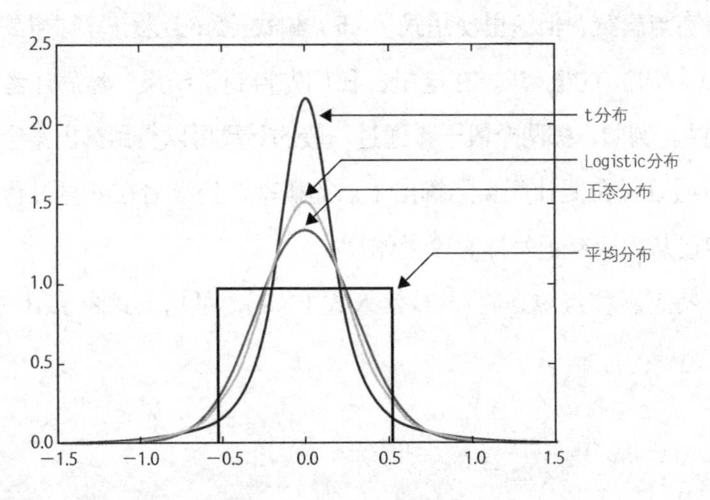

▲图 3-4 “均值为 0，标准差为 0.3”的各种概率分布

然而，如果要顾及这么多种可能性，我们是无法推进讨论的。我们首先得假设其中一种可能成立，然后验证是否能得到有用的结果，就像后面我们将会用表示正态分布的式（3.5）进行相对简单的计算一样。正确的做法是先使用可以进行实际计算的方法，再用测试集验证并判断其有用性。如果没有得到有用的结果，就要分析其中的原因并建立新的假设。

这里之所以能够简单地进行计算，是因为我们先分析了“不能得出有效结果”的原因。

正如 1.1 节中的图 1-4 所示，数据科学说到底就是反复进行假设 / 验证的科学方法。首先以简单的假设为基础，通过解释清楚“为何这个假设不成立”，就可以发掘出隐藏在数据背后更本质的事实。

3.1.2 基于似然函数的参数评价

本节对式（3.5）和式（3.6）包含的参数的评价标准进行设置，相当于三个步骤中的第二步。

虽说有点唐突，但这里使用式（3.5）和式（3.6）来计算“得到训练集数据$\{(x_n,t_n)\}_{n=1}^N$的概率”。在这里，我们先得到了结果，然后才考虑概率的问题[①]。例如，掷两个骰子，通过一般的计算可以得到掷出某个点数的概率。假设现在要计算实际掷出1点的概率，请读者在计算过程中思考一下自己从中获得了怎样的珍贵体验。

对于特定观测点x_n，将$t=t_n$代入式（3.5），可用下式表示得到t_n的概率：

$$\mathcal{N}(t_n\mid f(x_n),\sigma^2)=\frac{1}{\sqrt{2\pi\sigma^2}}\mathrm{e}^{-\frac{1}{2\sigma^2}\{t_n-f(x_n)\}^2} \tag{3.7}$$

结合全部观测点$\{x_n\}_{n=1}^N$进行考虑，得到整体训练集数据$\{(x_n,t_n)\}_{n=1}^N$的概率P为得到各个数据的概率之积：

$$\begin{aligned}P&=\mathcal{N}(t_1\mid f(x_1),\sigma^2)\times\cdots\times\mathcal{N}(t_N\mid f(x_N),\sigma^2)\\&=\prod_{n=1}^N\mathcal{N}(t_n\mid f(x_n),\sigma^2)\end{aligned} \tag{3.8}$$

这个概率值随着参数$\{w_m\}_{m=0}^M$而变化，我们可以通过思考得出这些参数的函数。像这样把“得到训练集数据的概率”作为参数的函数称为似然函数。

于是，逐渐有如下假设成立：观测数据（训练集）和出现概率最高的数据是一样的。

虽然我们不能完全保证这个假设正确，但可以先假设它是正确的，我们把式（3.8）计算得到的概率P达到最大值时的参数确定方法称为“最优推断法”。我们可以认为“如果训练集的数据出现的概率都很低的话，一定是运气不太好”。我们会在后面讨论这个方法到底能在多大程度

① 实际的数据量为N=10，本节开始使用通用的N进行计算。

上得到确定结果，在此我们先根据这个指导方针确定参数的值。

先用纯粹的数学计算求出式（3.8）的似然函数 P 最大化参数。在数学上，这个问题可以归纳为“似然函数的最大值问题”。用纸笔进行公式变形即可求出该问题的解。

数学之家

为了求式（3.8）的 P 的最大化参数，首先将式（3.7）代入式（3.8）并整理如下：

$$
\begin{aligned}
P &= \prod_{n=1}^{N} \frac{1}{\sqrt{2\pi\sigma^2}} \mathrm{e}^{-\frac{1}{2\sigma^2}\{t_n - f(x_n)\}^2} \\
&= \left(\frac{1}{2\pi\sigma^2}\right)^{\frac{N}{2}} \exp\left[-\frac{1}{2\sigma^2}\sum_{n=1}^{N}\{t_n - f(x_n)\}^2\right]
\end{aligned} \tag{3.9}
$$

从式（3.9）可知，P 含有与最小二乘法相同的二乘误差 E_{D}。二乘误差的定义如下：

$$
E_{\mathrm{D}} = \frac{1}{2}\sum_{n=1}^{N}\{f(x_n) - t_n\}^2 \tag{3.10}
$$

用它来表示似然函数为如下形式：

$$
P = \left(\frac{1}{2\pi\sigma^2}\right)^{\frac{N}{2}} \mathrm{e}^{-\frac{1}{\sigma^2}E_{\mathrm{D}}} \tag{3.11}
$$

这里确认了 P 对参数的依赖性。式（3.11）中的参数 σ 只含有 $1/\sigma^2$ 的形式。为了简化后面的运算，这里设

$$
\beta = \frac{1}{\sigma^2} \tag{3.12}
$$

用 β 代替 σ 作为参数进行计算。另外，二乘误差 E_{D} 依赖于多项式系数 $\mathbf{w} = (w_0, \cdots, w_M)^{\mathrm{T}}$。因此，下式表明了 P 对参数 $(\beta, \mathbf{w})$ 的依赖性：

$$
P(\beta, \mathbf{w}) = \left(\frac{\beta}{2\pi}\right)^{\frac{N}{2}} \mathrm{e}^{-\beta E_{\mathrm{D}}(\mathbf{w})} \tag{3.13}
$$

利用该式可求出最大化的$(\beta, \mathbf{w})$。为了再次简化运算，这里设P的对数$\ln P$为最大化值[①]。

$$\ln P(\beta, \mathbf{w}) = \frac{N}{2}\ln\beta - \frac{N}{2}\ln 2\pi - \beta E_{\mathrm{D}}(\mathbf{w}) \tag{3.14}$$

对数函数是单调递增函数，$\ln P$最大化时的P值就是P的最大值。一般将$\ln P$称为对数似然函数。

根据下面的条件可确定最大对数似然函数$(\beta, \mathbf{w})$：

$$\frac{\partial(\ln P)}{\partial w_m} = 0 \quad (m = 0, \cdots, M) \tag{3.15}$$

$$\frac{\partial(\ln P)}{\partial \beta} = 0 \tag{3.16}$$

把式（3.14）代入式（3.15）可得如下关系：

$$\frac{\partial E_{\mathrm{D}}}{\partial w_m} = 0 \quad (m = 0, \cdots, M) \tag{3.17}$$

这和二乘误差最小化条件完全一样，采用与2.1.3节中相同的计算过程可以得出与最小二乘法相同的结论，即多项式系数$\{w_m\}_{m=0}^{M}$和最小二乘法取相同值。

另一方面，把式（3.14）代入式（3.16）可得下式：

$$\frac{1}{\beta} = \frac{2E_{\mathrm{D}}}{N} \tag{3.18}$$

再代入式（3.12）可以得到确定标准差σ的式子：

$$\sigma = \sqrt{\frac{1}{\beta}} = \sqrt{\frac{2E_{\mathrm{D}}}{N}} = E_{\mathrm{RMS}} \tag{3.19}$$

这里的E_{RMS}是2.1.4节的式（2.20）定义的均方根误差，即式（3.19）表示把训练集数据的“多项式推断值$f(x_n)$对应的平均误差”作为标准差σ的推断值。

① 自然对数$\log_e x$记为$\ln x$。

3.1.3 示例代码的确认

现在我们可以计算似然函数最大化时的参数，至此就完成了三个步骤中的第三步。这里把计算结果归纳为公式形式。我们首先明白了多项式系数和最小二乘法的值相同，具体通过下面的式子即可计算出来：

$$\mathbf{w} = (\boldsymbol{\Phi}^{\mathrm{T}}\boldsymbol{\Phi})^{-1}\boldsymbol{\Phi}^{\mathrm{T}}\mathbf{t} \tag{3.20}$$

$\mathbf{t}$ 为训练集中的目标变量构成的行向量$\mathbf{t} = (t_1, \cdots, t_N)^{\mathrm{T}}$，$\boldsymbol{\Phi}$为 N 个观测点$\{x_n\}_{n=1}^N$的$0 \sim M$次方值构成的矩阵：

$$\boldsymbol{\Phi} = \begin{pmatrix} x_1^0 & x_1^1 & \cdots & x_1^M \\ x_2^0 & x_2^1 & \cdots & x_2^M \\ \vdots & \vdots & \ddots & \vdots \\ x_N^0 & x_N^1 & \cdots & x_N^M \end{pmatrix} \tag{3.21}$$

进而得出，标准差和均方根误差是一致的：

$$\sigma = E_{\mathrm{RMS}} = \sqrt{\frac{1}{N}\sum_{n=1}^{N}\left(\sum_{m=0}^{M} w_m x_n^m - t_n\right)^2} \tag{3.22}$$

尽管该计算过程和最小二乘法完全不同，但最终得到了相同的多项式，该结果具有很深远的意义。原因与似然函数中含有二乘误差 E_{D} 相关，出处来自正态分布的函数形态，即式（3.5）。因此，最小二乘法可以与最优推断法中假定误差遵循正态分布的特殊情况相应对。

接下来使用示例代码描绘图形。最优推断法得到的多项式和最小二乘法得到的相同，没必要再描述图形。现在我们可以根据式（3.22）计算标准差σ，它可以表示数据以$f(x)$为中心的分散程度。再加上$y = f(x)$，得到$y = f(x) \pm \sigma$的图形，即可确认图 3-3 所示的“开口向下、钟形分布”图形的开口程度。

按照如下顺序执行示例代码 03-maximum_likelihood.py。

```
$ ipython Enter
In [1]: cd ~/ml4se/scripts Enter
In [2]: %run 03-maximum_likelihood.py Enter
```

运行结果为如图 3-5 和图 3-6 所示的图形。图 3-5 和最小二乘法的结果（见图 2-2）很相似，并在上下加上了表示标准差幅度的虚线。图中的 sigma 值为式（3.22）计算出的标准差σ的值。

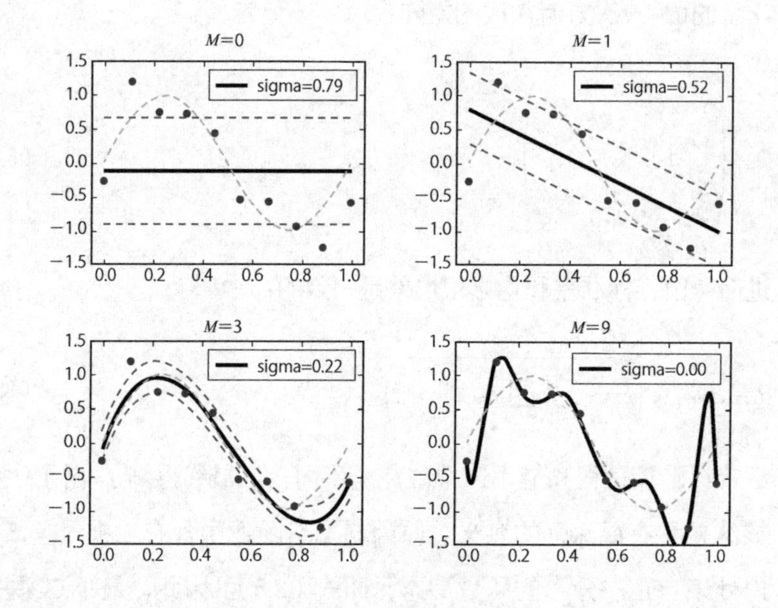

▲图 3-5　基于最优推断法的包含标准差的推断结果

由图 3-5 可知，用标准差可以充分表现出多项式预测值与训练集中观测数据之间的差异。作为标准差推断值的均方根误差表示多项式预测值与实际观测数据之间的平均差异，观测数据大致可以收敛到标准差范围内。

但是，这里讨论的都是训练集包含的数据，将来产生的数据能否归

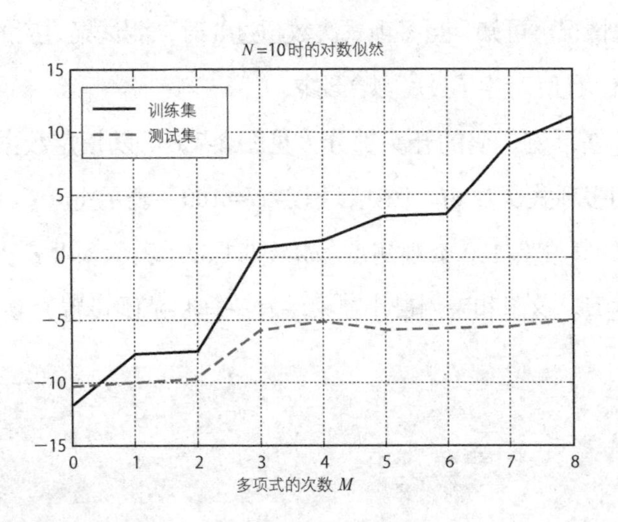

▲图 3-6 训练集和测试集对应的对数似然的变化情况

纳到推断出的这个标准差范围内还另当别论。例如，$M=9$ 时，多项式图形穿过所有数据，此时的标准差为 0。但是，我们不能认为将来的数据会始终和多项式的值保证一致，因为这里明显发生了过度拟合的现象。

正如 2.2 节所述，为了检测是否发生了过度拟合，我们需要准备单独的训练集确认测试集的预测精确度。在采用最小二乘法的情况下，图 2-8 展示出了训练集和测试集的均方根误差的变化情况。另一方面，在采用最优推断法的情况下，我们也可以看到取得对象数据的概率，即似然函数值的变化情况。具体来说，就是把训练集或测试集中的数据 $\{(x_n, t_n)\}_{n=1}^{N}$ 代入式（3.8）中进行计算。得到对象数据的概率越高，说明该预测的精确度越高。

这里使用前面的示例代码，按照与图 2-7 相同的方式，使用事先准备好的训练集和测试集，计算各个集合的对数似然函数（似然函数的对数值）。似然函数的值变化幅度较大，如果用对数值计算的话，以图形方式展示出来比较容易理解。图 3-6 表示随着多项式次数的变化，对数似然函数的变化情况。可知，当多项式次数超过 3 时，测试集对应的似然函数值不再增加，此时产生了过度拟合现象。

另外，在示例代码的开头部分（见图 3-7）可以指定数据个数 N 和绘制图形的多项式次数 M。例如，指定 $N=100$，表示将 $0 \leqslant x \leqslant 1$ 区间分为 99 等份，共设置 100 个观测点。$M=[0,1,3,9]$ 表示多项式次数可以指定为 4 种类型。这里和采用最小二乘法时一样将范围设置为 $M<N$。

```
#----------#
# Parameters #
#----------#
N=10            #取样位置X的个数
M=[0,1,3,9]     #多项式次数
```

▲图 3-7　03-maximum_likelihood.py 的参数设置部分

图 3-8 和图 3-9 为 $N=100$ 时的运行结果。和采用最小二乘法时一样，这样做可以抑制由数据个数增加产生的过度拟合现象。$M>3$ 时，训练集和测试集的对数似然函数值都不会再增加。

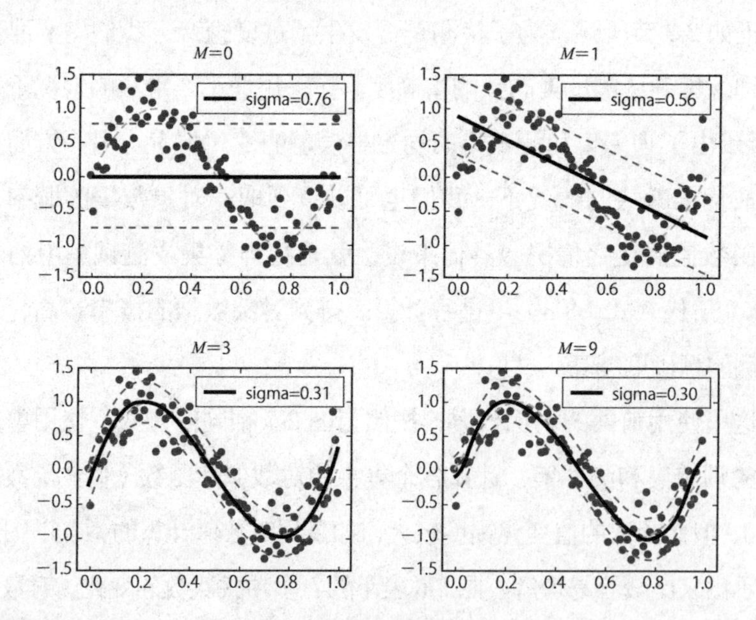

▲图 3-8　N=100 时的运行结果（标准差的推断）

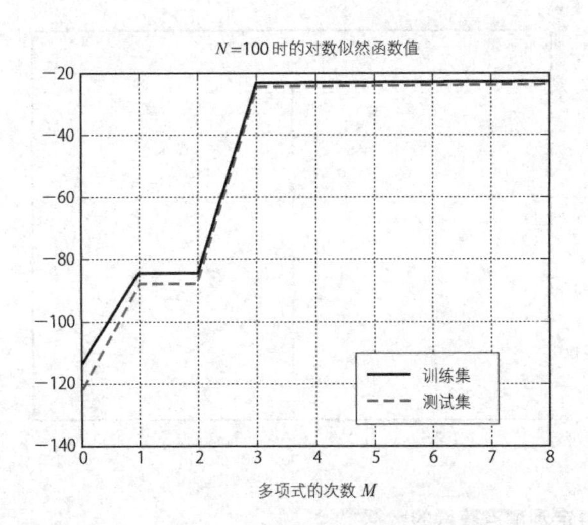

▲图 3-9 $N=100$ 时的运行结果（对数似然函数值的变化）

至此，我们已经成功地将最优推断法应用到“例题 1”上了。由图 3-5 和图 3-8 可知，结果非常相似。但关于“确定似然函数最大化参数”的基本原理，却仍然可能怎么都想不起来。下一节将通过稍微简单一点的例子让读者找到最优推断法的“感觉”。

3.2 使用简化示例的解释说明

这里稍微简化了一下“例题 1”。之前的目标是预测多个观测点 $\{x_n\}_{n=1}^N$ 的观测值，这里取其中一个固定观测点。例如，取固定观测点 $x=0.5$，反复操作取得观测值 t，可以得到以某个值为中心分布的数据群 $\{t_n\}_{n=1}^N$（见图 3-10）。

这里假设该数据群遵循期望为 μ、标准差为 σ 的正态分布，通过最优推断法可以推断出 μ 和 σ 的值。回忆一下上一节介绍过的最优推断法，然后进行计算。

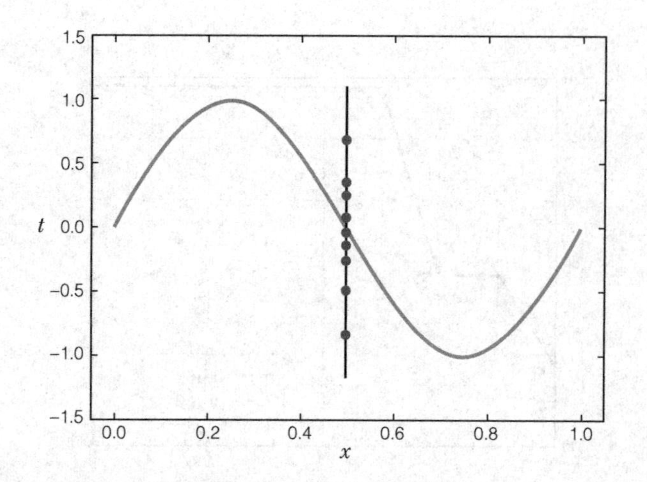

▲图 3-10 在特定观测点获得的数据

3.2.1 正态分布的参数模型

根据假设的期望为 μ、标准差为 σ 的正态分布，由下式可以得到特定数据$t=t_n$的概率：

$$\mathcal{N}(t_n \mid \mu, \sigma^2) = \frac{1}{\sqrt{2\pi\sigma^2}} \mathrm{e}^{-\frac{1}{2\sigma^2}(t_n-\mu)^2} \tag{3.23}$$

将所有观测值$\{t_n\}_{n=1}^{N}$归纳起来，得到一系列数据的概率 P 为得到各个数据的概率的乘积：

$$\begin{aligned} P &= \mathcal{N}(t_1 \mid \mu, \sigma^2) \times \cdots \times \mathcal{N}(t_N \mid \mu, \sigma^2) \\ &= \prod_{n=1}^{N} \mathcal{N}(t_n \mid \mu, \sigma^2) \end{aligned} \tag{3.24}$$

这个概率依赖于两个参数 μ 和 σ。我们可以得出以 μ 和 σ 为变量的似然函数 P。然后，求出最大化 P 的 μ 和 σ 的值，将其作为期望或标准差的推断值。

数学之家

为了求出式（3.24）中的P的最大化参数，首先把式（3.23）代入式（3.24）进行整理：

$$\begin{aligned} P &= \prod_{n=1}^{N} \frac{1}{\sqrt{2\pi\sigma^2}} \mathrm{e}^{-\frac{1}{2\sigma^2}(t_n-\mu)^2} \\ &= \left(\frac{1}{2\pi\sigma^2}\right)^{\frac{N}{2}} \exp\left\{-\frac{1}{2\sigma^2}\sum_{n=1}^{N}(t_n-\mu)^2\right\} \end{aligned} \tag{3.25}$$

式（3.25）中的参数 σ 只具有$1/\sigma^2$的形式，设

$$\beta = \frac{1}{\sigma^2} \tag{3.26}$$

用β 代替参数σ 进行计算。为进一步简化计算，将对数似然函数最大化：

$$\ln P = \frac{N}{2}\ln\beta - \frac{N}{2}\ln 2\pi - \frac{\beta}{2}\sum_{n=1}^{N}(t_n-\mu)^2 \tag{3.27}$$

对数函数单调递增函数，$\ln P$最大化时的P值就是P的最大值。由如下条件可以确定对数似然函数最大化的(μ,β)：

$$\frac{\partial(\ln P)}{\partial\mu} = 0 \tag{3.28}$$

$$\frac{\partial(\ln P)}{\partial\beta} = 0 \tag{3.29}$$

用式（3.27）可以计算得到式（3.28）左边的式子：

$$\frac{\partial(\ln P)}{\partial\mu} = \beta\sum_{n=1}^{N}(t_n-\mu) = \beta\left(\sum_{n=1}^{N}t_n - N\mu\right) \tag{3.30}$$

因此，由式（3.28）即可确定μ 的值：

$$\mu = \frac{1}{N}\sum_{n=1}^{N}t_n \tag{3.31}$$

式（3.31）的右边只有观测数据$\{t_n\}_{n=1}^{N}$的均值（样本均值）。这表明此处采

用观测数据的样本均值作为数据背后的正态分布的均值的推断值。

另一方面，使用式（3.27）可以计算出式（3.29）的右边式子，如下所示：

$$\frac{\partial(\ln P)}{\partial\beta}=\frac{N}{2\beta}-\frac{1}{2}\sum_{n=1}^{N}(t_n-\mu)^2 \tag{3.32}$$

于是，由式（3.29）可以得出如下的$1/\beta$（即σ^2）。该式中的μ可以认为是代入了式（3.31）的计算值。

$$\sigma^2=\frac{1}{\beta}=\frac{1}{N}\sum_{n=1}^{N}(t_n-\mu)^2 \tag{3.33}$$

式（3.33）右边的式子是观测数据$\{t_n\}_{n=1}^N$的方差（样本方差），这表明此处采用观测数据的样本方差作为方差σ^2的推断值。

3.2.2 示例代码的确认

至此，我们已经根据最优推断法确定了μ和σ的推断值。归纳为公式的话，就是如下形式：

$$\mu=\frac{1}{N}\sum_{n=1}^{N}t_n \tag{3.34}$$

$$\sigma^2=\frac{1}{N}\sum_{n=1}^{N}(t_n-\mu)^2 \tag{3.35}$$

这里根据后面的说明情况，用方差σ^2替代标准差σ来表示计算式。式（3.34）和式（3.35）的右边分别表示由观测数据$\{t_n\}_{n=1}^N$计算得出的均值和方差，即样本均值和样本方差。也就是说，通过思考隐含的正态分布的期望和方差，可以联想到用现有观测数据的均值和方差来代替它们。当然，这样的推断无法保证一定得到“正解”。那么，到了何种程度就能正确进行预测呢？我们还是用示例代码试一下吧。

虽然有很多细节需要注意，但“正解”这种说法本身就不是很严密。事物是否正确的判断结果是随着判断标准的变化而变化的。这里讨论的重点是能否得到“与用于生成数据的分布相同的值”，在统计学中将其称为“总体参数”。用遵从严密性的统计学家的话来说，“基于样本均值和样本方差的推断值不一定就和总体参数一致”是比较安全的说法。

回到示例代码。首先使用示例代码“03-ml_gauss.py”按照均值为0、标准差为1的正态分布生成随机观测值集合$\{t_n\}_{n=1}^N$。然后用式（3.34）和式（3.35）计算均值μ和标准差σ的推断值。最后描绘出“均值为0、标准差为1”正解的正态分布图和推断出的“均值为μ、标准差为σ”的正态分布图。

示例代码的执行顺序如下。

```
$ ipython [Enter]
In [1]: cd ~/ml4se/scripts [Enter]
In [2]: %run 03-ml_gauss.py [Enter]
```

运行示例代码得到如图3-11所示的图像。对不同的数据个数N，分别表示$N=2,4,10,100$的4种不同结果。虚线图形为“均值为0、标准差为1”正解的图像，实线图形为推断出来的“均值为μ、标准差为σ”的图像。图像上的黑点表示得出的观测值。

由图3-11可知，随着数据个数N的增加，推断结果越来越靠近正解（总体参数）。当数据个数很少时，对于隐藏的正态分布，我们只能得到很少一部分值，因此很难通过给定数据复原正态分布的整体形态。

图3-11中各个图像中的sigma值表示标准差σ的推断值。尽管是从$\sigma=1$的正态分布得到的数据，但当数据个数N很小时，就会推断出比σ值还要小的值。这是因为正态分布底端附近值的发生概率很低，很难得到底端附近的数据。在数据个数少的情况下，如果不能收敛底端的宽度，那么推断出的标准差肯定也小。

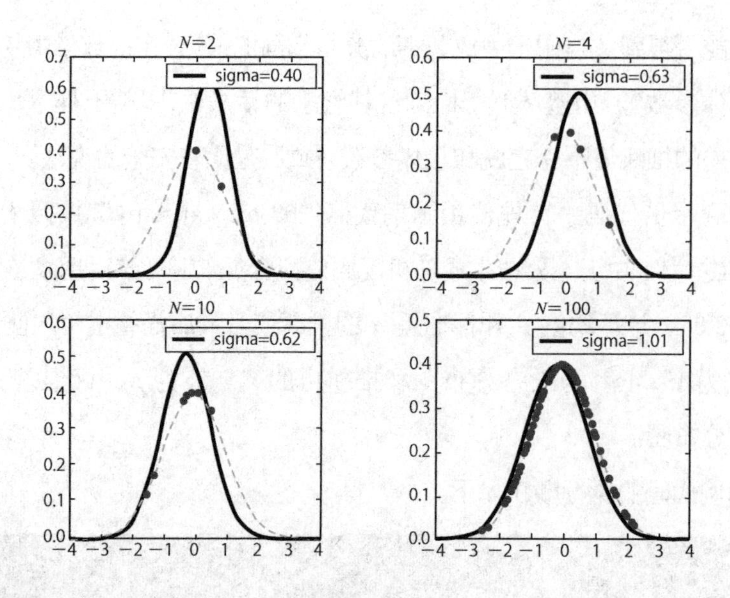

▲图 3-11 基于最优推断法的正态分布推断结果

3.2.3 推断量的评价方法（一致性和无偏性）

由上一节的结果可知，最优推断法不一定能得出正解（总体参数）。当然，我们并非只能使用最优推断法展开讨论。目前我们已经达成共识，数据科学的目的是“利用以往数据预测未来”，换句话说就是从数量有限的数据推断出背后隐藏的一般事实。说到底都是推断，肯定存在各种各样的推断方法，各种方法都有其优缺点。重点在于，我们不能无条件地相信机器学习得出的结果，而要通过测试集或交叉验证评价模型的泛化能力。

不过，从图 3-11 所示的结果来看，观点又有些不同。通过最优推断法或式（3.34）和式（3.35）计算出的结果当然是可以通过测试集验证的。但对于图 3-11 所示的情况，从一开始就知道标准差 σ（方差σ^2）的推断值具有比实际值小的倾向。基于这个前提，就不能直接采用式（3.35）

计算出的值，而要先稍微增大这个值，再将其作为方差的推断值使用。

不过，与此同时我们也需要确定指标最佳增大程度的判断标准。于是，这里提出了“推断量的评价方法”的思路。当基于某种原理得出计算推断值的方法时，我们将该计算方法称为“推断量”。这样叫是为了和通过具体数据计算得出的值（推断值）进行区别。那么，各种各样的推断量所含有的“一致性”和“无偏性”就可以作为好的推断量性质进行处理。

推断量的一致性和无偏性并不是机器学习所特有的，它是纯粹的统计学概念，这里用先前的示例进行说明。如图 3-11 所示，观测数据的个数 N 越多，μ 和 σ^2 的推断值越靠近总体参数 0 和 1。像这样推断值随着样本数据个数增多而靠近总体参数的现象被称为“一致性”。

3.3 节中会说到，对于式（3.34）和式（3.35）的推断量，可以在数学上证明其具有一致性。通常将具有一致性的推断量称为“一致推断量”。

这里也有必要对另一个概念“无偏性”进行说明。例如，在图 3-11 中，$N=4$ 时，得到 4 个观测值并分别代入式（3.34）和式（3.35），计算出 μ 和 σ^2 的推断值。然后，再次得出 4 个观测值并计算新的推断值。像这样重复“取得 4 个观测值并计算推断值”的过程，就可以收集到各不相同的推断值。那么，如果计算所有推断值的均值，又会是什么结果呢？

结论是，推断值的数量越多，“μ 的推断值的均值”越靠近总体参数 0。这就是无偏性的例子。另一方面，“σ^2 的推断值的均值”接近比总体参数 1 更小的值。这是不具有无偏性的例子。通常可以说，具有无偏性的推断量具备“反复进行推断过程时，平均推断值接近总体参数”这种性质。通常将具有无偏性的推断量称为“无偏推断量”。

图 3-12 可以大体展示出具有无偏性和不具有无偏性的推断量的区

别。数据个数越多，式（3.35）得出的σ^2越靠近总体参数的值，但整体都比总体参数小，所以不具有无偏性。虽然在数据个数少的情况下，具有无偏性的推断量有可能会偏离总体参数，但仍能表明“（从大体上说）出现大幅度偏离和小幅度偏离的情况是均等的”。

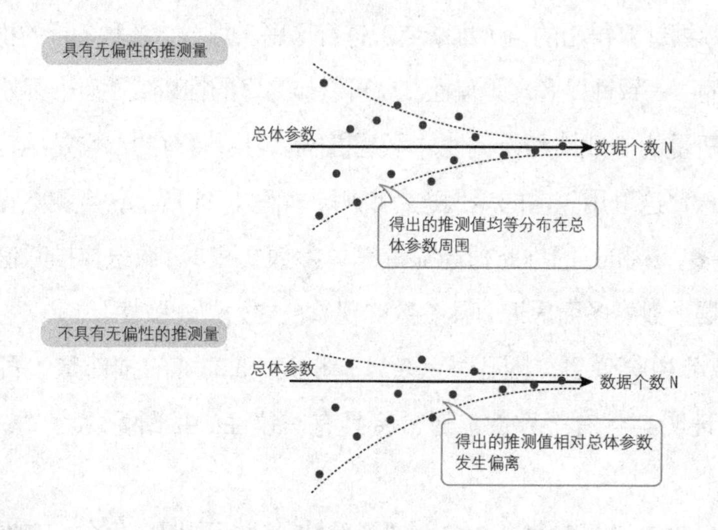

▲图 3-12　**具有无偏性和不具有无偏性的推断量（大致说明）**

实际上，我们可以通过修正式（3.35）构建方差σ^2对应的无偏推断量。如 3.3 节所述，将式（3.35）分母中的N替换为$N-1$即可得到无偏推断量。然后，再使用示例代码进行数值计算，即可得到相当于图 3-12 的图像。从结果来看，其实就是简化了图 3-12。关于这部分内容，后面再详细解释。

3.3 附录：样本均值及样本方差一致性和无偏性的证明

本节从数学上对式（3.34）和式（3.35）的推断量的一致性和无偏性进行确认，并且根据示例代码的数值计算，用实际的图像确认无偏性是如何形成的。

3.3.1 样本均值及样本方差一致性和无偏性的证明

数学之家

这里对式（3.34）和式（3.35）的推断量的一致性和无偏性进行确认。为了得到严密的数学结论，首先需要重新定义数学符号。由期望为 σ、方差为σ^2的正态分布独立得到的 N 个样本为$\{x_n\}_{n=1}^{N}$，下式表示其样本均值和样本方差[①]：

$$\overline{x}_N = \frac{1}{N}\sum_{n=1}^{N} x_n \tag{3.36}$$

$$S_N^2 = \frac{1}{N}\sum_{n=1}^{N}(x_n - \overline{x}_N)^2 \tag{3.37}$$

对于 σ 和σ^2对应的一致推断量，在数学上可用下式表示：

$$\forall \epsilon > 0；\lim_{N\to\infty} P(|\overline{x}_N - \mu| < \epsilon) = 1 \tag{3.38}$$

$$\forall \epsilon > 0；\lim_{N\to\infty} P(|S_N^2 - \sigma^2| < \epsilon) = 1 \tag{3.39}$$

$\overline{x}_N$和S_N^2分别表示 μ 和σ^2都会近似收敛到概率 1。特别是式（3.38）表明了样本均值只会收敛到总体均值的“大数法则”。

另外，对于无偏性，可以表示为这些推断值的期望：

$$E[\overline{x}_N] = \mu \tag{3.40}$$

$$E[S_N^2] = \frac{N-1}{N}\sigma^2 \tag{3.41}$$

式（3.40）表示反复计算 N 个样本的$\overline{x}_N$时，该均值接近 μ，即$\overline{x}_N$为无偏推断量。另外，式（3.39）表明没有将S_N^2作为无偏推断量，而是将下式定义的推断量作为无偏推断量：

① 前一节中用t_n表示观测数据，为了覆盖更一般的情况，这里使用常见的符号x_n表示。

$$U_N^2 = \frac{N}{N-1} S_N^2 = \frac{1}{N-1}\sum_{n=1}^{N}(x_n - \overline{x}_N)^2 \tag{3.42}$$

我们可以通过接下来的计算理解该公式的含义。后面就把式（3.42）定义的 U_N^2 称为无偏方差。

$$E[U_N^2] = \frac{N}{N-1} E[S_N^2] = \sigma^2 \tag{3.43}$$

在完成以上准备工作的基础上，我们对式（3.38）~式（3.41）进行整理。各个 x_n 表示由期望为 μ、方差为 σ^2 的正态分布得到的样本，并有下式成立：

$$E[x_n] = \mu \tag{3.44}$$

$$V[x_n] = E[(x_n - \mu)^2] = \sigma^2 \tag{3.45}$$

首先，借助式（3.36）和式（3.37）可以直接计算出与无偏性相关的式（3.40）和式（3.41）。式（3.40）变为如下形式：

$$E[\overline{x}_N] = \frac{1}{N}\sum_{n=1}^{N}E[x_n] = \frac{1}{N}\times N\mu = \mu \tag{3.46}$$

式（3.41）变为如下形式：

$$\begin{aligned}
E[S_N^2] &= \frac{1}{N} E\left[\sum_{n=1}^{N}(x_n - \overline{x}_N)^2\right] \\
&= \frac{1}{N} E\left[\sum_{n=1}^{N}\{(x_n-\mu)-(\overline{x}_N-\mu)\}^2\right] \\
&= \frac{1}{N} E\left[\sum_{n=1}^{N}(x_n-\mu)^2\right] - \frac{2}{N} E\left[\sum_{n=1}^{N}(x_n-\mu)(\overline{x}_N-\mu)\right] \\
&\quad + \frac{1}{N} E\left[\sum_{n=1}^{N}(\overline{x}_N-\mu)^2\right]
\end{aligned} \tag{3.47}$$

式（3.47）的第 1 项和第 2 项的计算方式如下：

$$\frac{1}{N} E\left[\sum_{n=1}^{N}(x_n-\mu)^2\right] = \frac{1}{N}\sum_{n=1}^{N}E[(x_n-\mu)^2] = \frac{1}{N}\times N\sigma^2 = \sigma^2 \tag{3.48}$$

$$
\begin{aligned}
-\frac{2}{N}E\left[\sum_{n=1}^{N}(x_n-\mu)(\overline{x}_N-\mu)\right] &= -\frac{2}{N}E\left[\sum_{n=1}^{N}(x_n-\mu)\left(\sum_{n'=1}^{N}\frac{x_{n'}}{N}-\mu\right)\right] \\
&= -\frac{2}{N}E\left[\sum_{n=1}^{N}(x_n-\mu)\sum_{n'=1}^{N}\frac{1}{N}(x_{n'}-\mu)\right] \\
&= -\frac{2}{N^2}\sum_{n=1}^{N}\sum_{n'=1}^{N}E[(x_n-\mu)(x_{n'}-\mu)] \\
&= -\frac{2}{N^2}\sum_{n=1}^{N}E[(x_n-\mu)^2] \\
&= -\frac{2}{N^2}N\sigma^2 = -\frac{2}{N}\sigma^2
\end{aligned} \tag{3.49}
$$

这里第 3 行到第 4 行的变形所基于的条件是各个样本 x_n 为独立获取，并且 $n \neq n'$ 的情况下有如下关系式成立：

$$
E[(x_n-\mu)(x_{n'}-\mu)] = E[x_n-\mu]E[x_{n'}-\mu] = 0 \tag{3.50}
$$

式（3.47）的第 3 项也可进行相同的计算：

$$
\begin{aligned}
\frac{1}{N}E\left[\sum_{n=1}^{N}(\overline{x}_N-\mu)^2\right] &= \frac{1}{N}\times NE\,[(\overline{x}_N-\mu)^2] \\
&= E\left[\left(\sum_{n=1}^{N}\frac{x_n}{N}-\mu\right)^2\right] \\
&= E\left[\sum_{n=1}^{N}\frac{1}{N}(x_n-\mu)\sum_{n'=1}^{N}\frac{1}{N}(x_{n'}-\mu)\right] \\
&= \frac{1}{N^2}\sum_{n=1}^{N}\sum_{n'=1}^{N}E[(x_n-\mu)(x_{n'}-\mu)] \\
&= \frac{1}{N^2}\sum_{n=1}^{N}E[(x_n-\mu)^2] \\
&= \frac{1}{N^2}\times N\sigma^2 = \frac{1}{N}\sigma^2
\end{aligned} \tag{3.51}
$$

将式（3.48）、式（3.49）和式（3.51）代入式（3.47）可以得到式（3.41）。

接下来是对表示一致性的式（3.38）和式（3.39）的证明，此时需要用到切比雪夫不等式和 χ^2（卡方）分布的性质，稍微有点难度。这里只描述证明过程的概略。

首先，切比雪夫不等式对任意具有期望 $E[X]$ 和方差 $V[X]$ 的概率变量 X 都有如下关系式成立：

$$
\forall\epsilon>0\,;\, P(|X-E[X]|\geqslant\epsilon)\leqslant\frac{V[X]}{\epsilon^2} \tag{3.52}
$$

上面的X可以用式（3.36）中的$\overline{x}_N$来表示。然后，利用之前证明过的式（3.40）和如下关系：

$$
\begin{aligned}
V[\overline{x}_N] &= V\left[\frac{1}{N}\sum_{n=1}^{N}x_n\right] = \frac{1}{N^2}V\left[\sum_{n=1}^{N}x_n\right] \\
&= \frac{1}{N^2}E\left[\left(\sum_{n=1}^{N}x_n - N\mu\right)^2\right] \\
&= \frac{1}{N^2}E\left[\sum_{n=1}^{N}(x_n-\mu)\sum_{n'=1}^{N}(x_{n'}-\mu)\right] \\
&= \frac{1}{N^2}\sum_{n=1}^{N}E[(x_n-\mu)^2] = \frac{1}{N^2}\times N\sigma^2 = \frac{\sigma^2}{N}
\end{aligned}
\tag{3.53}
$$

就可以得到如下关系式：

$$
\forall\epsilon>0\text{；}P(|\overline{x}_N-\mu|\geqslant\epsilon)\leqslant\frac{\sigma^2}{N\epsilon^2} \tag{3.54}
$$

此时考虑$N\to\infty$的情况，则有下式成立，可由式（3.38）推导得出。

$$
\forall\epsilon>0\text{；}\lim_{N\to\infty}P(|\overline{x}_N-\mu|\geqslant\epsilon)=0 \tag{3.55}
$$

至于式（3.39），我们将NS_N^2/σ^2遵循“自由度$N-1$的χ^2分布”这个事实应用到式（3.37）中的S_N^2。于是，我们可以用下式定义S_N^2的方差：

$$
V[S_N^2]=\frac{2\sigma^4(N-1)}{N^2} \tag{3.56}
$$

将S_N^2应用到切比雪夫不等式的X中，并使用式（3.41）和式（3.56）可得到下式：

$$
\forall\epsilon>0\text{；}P\left(\left|S_N^2-\frac{N-1}{N}\sigma^2\right|\geqslant\epsilon\right)\leqslant\frac{2\sigma^4(N-1)}{\epsilon^2N^2} \tag{3.57}
$$

此时，对于给定的$\epsilon>0$，当N取值足够大时，即可得到满足下式的δ：

$$
\delta=\sigma^2-\frac{N-1}{N}\sigma^2=\frac{1}{N}\sigma^2<\epsilon \tag{3.58}
$$

考虑如图3-13所示的两个域之间的包含关系，用上面的δ可知如下关系成立：

$$P(|S_N^2-\sigma^2|\geqslant\epsilon)\leqslant P\left(\left|S_N^2-\frac{N-1}{N}\sigma^2\right|\geqslant\epsilon-\delta\right)$$
$$\leqslant\frac{2\sigma^4(N-1)}{(\epsilon-\delta)^2N^2}=\frac{2\sigma^4(N-1)}{\left(\epsilon-\frac{1}{N}\sigma^2\right)^2N^2} \tag{3.59}$$

满足$N\to\infty$极限条件时，下式成立。于是，式（3.39）便被推导出来了。

$$\forall\epsilon>0\,;\lim_{N\to\infty}P(|S_N^2-\sigma^2|\geqslant\epsilon)=0 \tag{3.60}$$

3.3.2 节会对χ^2分布进行补充说明。

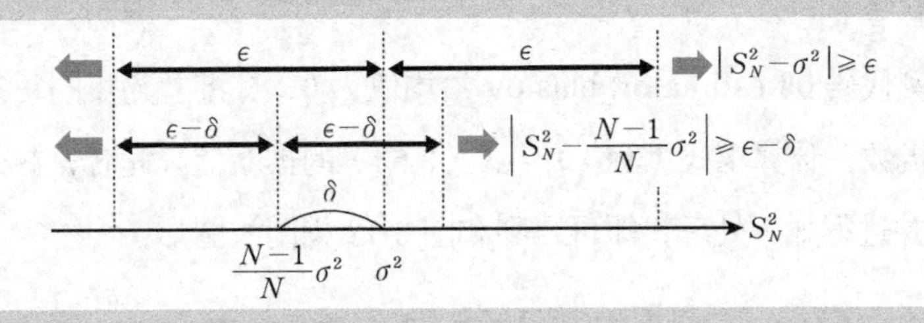

▲图 3-13 两个域之间的包含关系

3.3.2 示例代码的确认

到本节为止，我们已经介绍了由遵循正态分布的观测数据$\{x_n\}_{n=1}^N$计算得出的三种推断量：

$$样本均值\ \overline{x}_N=\frac{1}{N}\sum_{n=1}^N x_n \tag{3.61}$$

$$样本方差\ S_N^2=\frac{1}{N}\sum_{n=1}^N(x_n-\overline{x}_N)^2 \tag{3.62}$$

$$无偏方差\ U_N^2=\frac{1}{N-1}\sum_{n=1}^N(x_n-\overline{x}_N)^2 \tag{3.63}$$

因为是从一个固定点进行考虑的，所以观测数据的记号没有用t_n，而是用了更常见的x_n。请读者注意，它并不是观察点的表示符号。

样本均值和样本方差具有一致推断量，观测数据个数 N 越大，越靠近总体参数（生成观测数据的正态分布的期望 μ 和方差σ^2）。另外，样本均值为无偏推断量，而样本方差不是无偏推断量。

这表明，当反复进行“取 N 个观测数据计算样本方差”的过程时，这些样本方差的均值与总体参数（方差σ^2）并不一致。原因大致上和图 3-12 说明的一样。但是，通过数值计算得出的图像和图 3-12 中的图像还是稍微有些不同。

示例代码 03-estimator_bias.py 由均值为 0、标准差为 1 的正态分布生成随机数，计算出式（3.61）~ 式（3.63）的推断值。此时，修改数据个数 N 并进行如下处理，即可得到和图 3-12 相同的图形：

- 重复操作 2000 次“生成 N 个数据计算推断值”过程后，求出这 2000 个推断值的均值；
- 从 2000 个推断值中抽出 40 个构成图像；
- 用图像表示“平均推断值”。

先来看一下实际运行结果。示例代码的执行顺序如下。

```
$ ipython Enter
In [1]: cd ~/ml4se/scripts Enter
In [2]: %run 03-estimator_bias.py Enter
```

运行该示例代码后会打开三个绘图窗口，得到如图 3-14 和图 3-15 所示的图像。

先看图 3-14 中对样本均值$\overline{x}_N$的观测结果。当数据个数 N很小时，40 个推断值以 0 为中心上下分散排布。随着数据个数 N的增大，分散程度逐渐减小。但是，无论数据个数 N大小如何，分散的中心点都为

0，通常用 0 表示“平均推断值”的直线，意思是“样本均值为无偏推断量”。

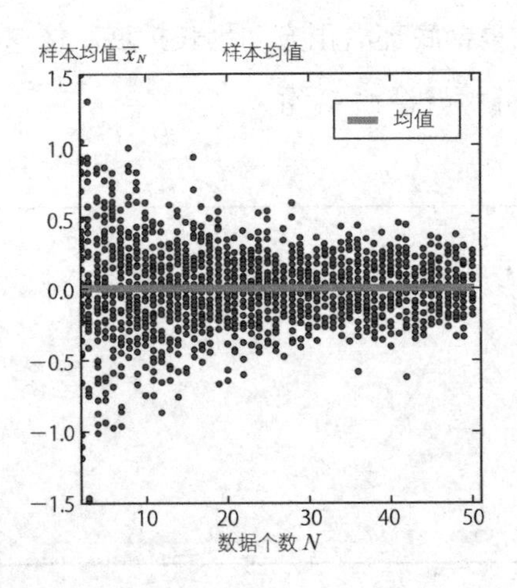

▲图 3-14 反复观测时样本均值的分布情况

另外，图 3-15 左边样本方差S_N^2的观测结果稍微有些不同。观察数据个数 N 少的地方，方差值广泛分布在图像上方。但是，大部分数据还是集中在图像下方，取它们的均值可以得到比总体参数$\sigma^2=1$更小的值。需要注意的一点是，数据集合底部宽度是沿逆方向偏离均值的。

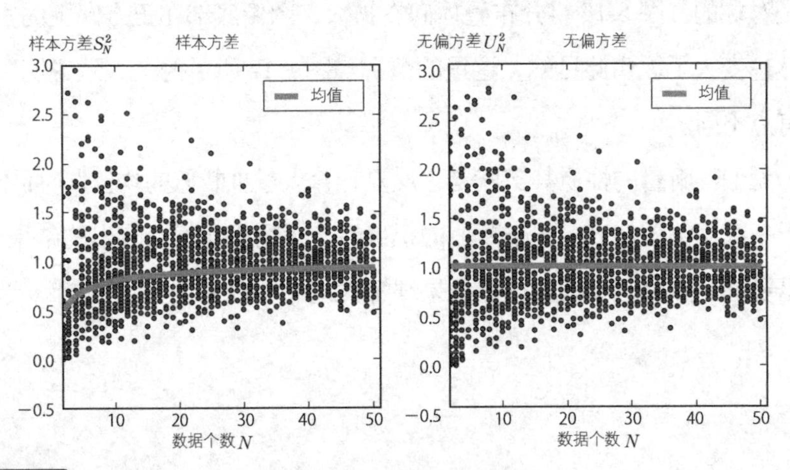

▲图 3-15 反复观测时样本方差和无偏方差的分布情况

其实这和 3.1.1 节中说过的“NS_N^2/σ^2遵循自由度$N-1$的χ^2分布”的内容相关。最开始，样本方差S_N^2只取正值，分散情况是不对称的，就像图 3-16 所示数据集合底部沿正方向延长扩展。像这样数据集合底部沿正方向延长扩展的分布就是χ^2分布。

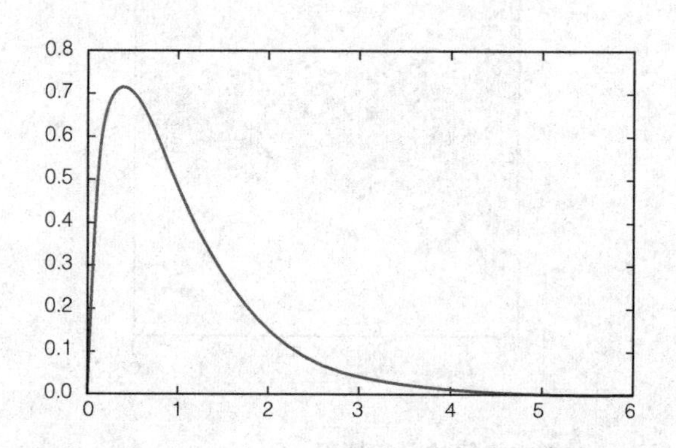

▲图 3-16 χ^2分布的概率密度

将样本方差S_N^2的值增大至原先的$N/(N-1)$倍，则其值沿增大方向修正，得到无偏方差U_N^2。由图 3-15 右边无偏方差U_N^2的结果可知，表示平均推断值的直线大致为定值 1，属于无偏推断量。但是数据的分散情况不是对称的。图 3-16 将分布整体向右扩大，图像底部在正方向上的宽度自然也变大了。由此可知，这里的情况与图 3-12 所示的“大致说明”情况有点不同。

无偏推断量的性质其实就是“反复计算大量推断值的均值”，而不是基于一次观测就能表示出推断值的正确性。运用机器学习得出的结果时，很重要的一点就是要根据这些结果理解其统计学意义。

感知器：分类算法的基础

第 4 章 感知器：分类算法的基础

本章主要介绍分类算法的基础——感知器。我们使用的例题为 1.3.2 节中的“例题 2”。如图 4-1 所示，本章研究的主要问题是找出能够将属性值为$t=\pm1$的两种数据划分开来的直线。正如“例题 2”中的“解释说明”部分所述，将给定数据进行完全分类是不可能的，需要设定某个基准来确定最佳分类方法。

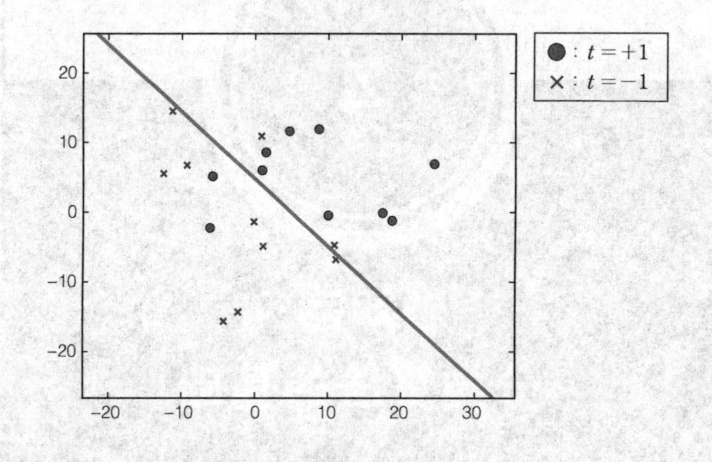

▲图 4-1 属性值为$t=\pm1$的数据群

设定的基准不同，确定直线的算法也不同。这里应用的是和最小二乘法类似的“误差函数”的方法。但和最小二乘法不同的是，只通过纸面计算无法确定误差最小化参数。于是，出现了通过数值计算反复修正参数的“概率梯度下降法”。从这里开始，我们终于要进入真正的机器学习算法世界了。

4.1 概率梯度下降法的算法

虽然感知器是使用误差函数的一种计算方法，但我们还是要基于“参数模型三步骤”理解它。这里再次强调一下这三个步骤：

（1）设置包含参数的模型（数学公式）；

（2）设定评价参数的标准；

（3）确定获得最优评价的参数。

下面我们根据这些步骤构建概率梯度下降法的算法。

4.1.1 分割平面的直线方程

首先需要准备第一步中包含参数的模型（数学公式）。这里的目的是求出能将(x, y)平面上的数据分类的直线，并用数学公式表达出来。说到直线$y=ax+b$，读者可能会联想到公式的形式，这里为了对等处理 x 和 y，我们使用一次函数$f(x, y)$：

$$f(x, y)=w_0+w_1x+w_2y \tag{4.1}$$

下面的公式表示分割(x, y)平面的直线：

$$f(x, y)=0 \tag{4.2}$$

然后，如图 4-2 所示，通过$f(x, y)$的符号即可判别出分割得到的两个区域。图中具体展示了$f(x, y)=-10+3x+2y$的情况，可知其具有离分割线越远$f(x, y)$的绝对值越大的特征。

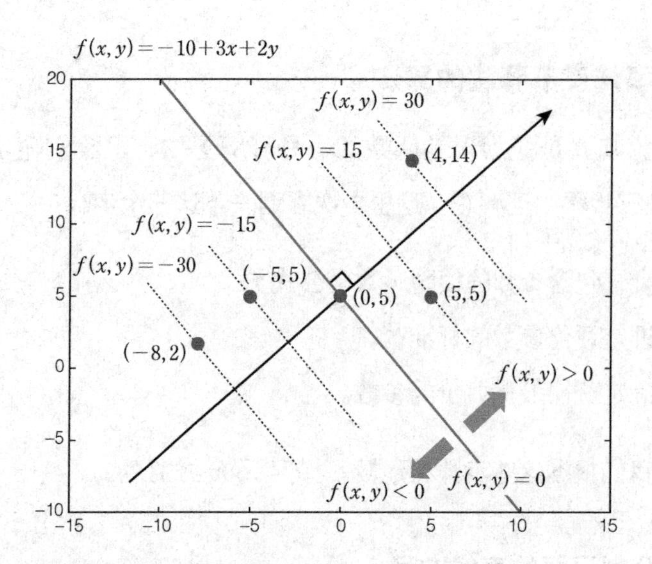

▲图 4-2　**由函数 $f(x,y)$ 分割得到的区域**

把 (x,y) 平面进行这样的分割是为了给属性为 $t=\pm1$ 的两种数据分类。

$$f(x,y)>0 \Rightarrow t=+1 \tag{4.3}$$

$$f(x,y)<0 \Rightarrow t=-1 \tag{4.4}$$

此时，对于训练集数据 $\{(x_n,y_n,t_n)\}_{n=1}^{N}$，我们可以通过下面的规则判定是否正确地对其进行了分类：

$$f(x_n,y_n)\times t_n>0\text{：正解} \tag{4.5}$$

$$f(x_n,y_n)\times t_n\leqslant 0\text{：非正解} \tag{4.6}$$

这里的关键点是对任何一种 $t_n=\pm1$ 的数据来说，都可以用相同的规则判定正解 / 不正解。对所有的 (x_n,y_n,t_n) 来说，目标是找出使式（4.5）成立的分割直线，即找出式（4.1）的系数 (w_0,w_1,w_2)。为了实现这个目的，在第二步中导入了参数 (w_0,w_1,w_2) 的评价标准。

4.1.2 基于误差函数的分类结果评价

当参数评价标准碰到没有正确分类的点，即式（4.6）成立的点时，会将它们计为误差。与其说是误差，不如将其理解为“对错误判断的判罚”更容易理解。判罚的合计值越小，越接近正确分类。

为了利用具体误差值的“离分割线越远$f(x,y)$的绝对值越大”这一特征，采用如下值：

$$E_n = |f(x_n, y_n)| \tag{4.7}$$

需要注意的是，这只是针对没有正确分类的点进行的计算。如图 4-3 所示，即使是被误分类的点，也是离分割线近的误差小，离分割线远的误差大。误分类点的误差合计值可作为分类的误差 E：

$$E = \sum_n E_n = \sum_n |f(x_n, y_n)| \tag{4.8}$$

式（4.8）中的求和符号Σ表示误分类点的合计。另外，这样的点也满足式（4.6），有如下关系式成立：

$$|f(x_n, y_n)| = -f(x_n, y_n) \times t_n \tag{4.9}$$

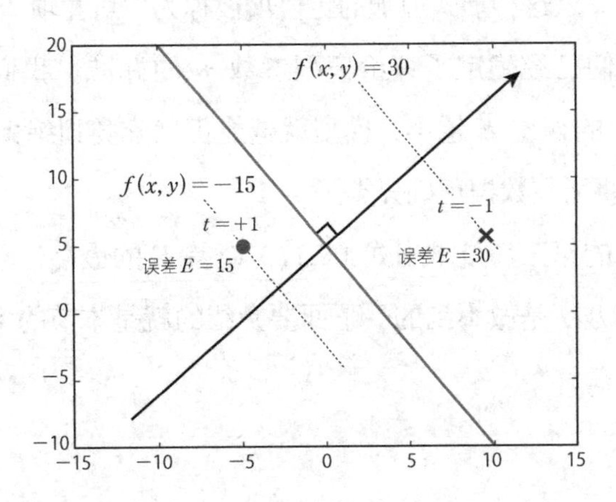

▲图 4-3 误分类点的误差

使用式（4.9）和$f(x,y)$的定义可以将式（4.8）表达为如下形式：

$$E=-\sum_{n}(w_0+w_1x_n+w_2y_n)t_n \tag{4.10}$$

如果使用向量，则可以表达为如下形式：

$$E=-\sum_{n}t_n\mathbf{w}^{\mathrm{T}}\boldsymbol{\phi}_n \tag{4.11}$$

这里的 $\mathbf{w}$ 和$\boldsymbol{\phi}_n$定义为以下向量：

$$\mathbf{w}=\begin{pmatrix}w_0\\w_1\\w_2\end{pmatrix} \tag{4.12}$$

$$\boldsymbol{\phi}_n=\begin{pmatrix}1\\x_n\\y_n\end{pmatrix} \tag{4.13}$$

偏置量

$\mathbf{w}$ 为所求系数的行向量，之前已经出现过很多次了。而另一侧的$\boldsymbol{\phi}_n$由训练集数据的坐标(x_n,y_n)横向排列构成，将定值 1 作为第一元素，使之与系数w_0对应。稍微运用一点技巧进行转换，将式（4.10）改写为向量形式并导入。以这种形式追加的定值项被称为“对角项”。

至此，我们已经确定了评价模型参数 $\mathbf{w}$ 的标准。我们可以认为式（4.11）计算出的误差 E 越小，模型就越能正确分类训练集数据。$E=0$ 时，模型能够将所有数据正确分类。

虽然最后的第三步是求出式（4.11）误差 E 的最小化参数 $\mathbf{w}$，但实际上用普通的办法是做不到的。下面要介绍的就是本节的主题“概率梯度下降法”。

4.1.3 基于梯度的参数修正

通过最小二乘法可知，基于参数的偏微分系数为 0 的条件可以确定二乘误差 E_{D} 的最小化系数 $\mathbf{w}$。同理，这里将式（4.10）误差 E 的偏微分系数置为 0：

$$\frac{\partial E}{\partial w_m}=0 \qquad (m=0,1,2) \tag{4.14}$$

或者也可以将向量形式中的梯度向量置为 0：

$$\nabla E(\mathbf{w})=-\sum_n t_n \boldsymbol{\phi}_n=\mathbf{0} \tag{4.15}$$

一般梯度向量由下式定义：

$$\nabla E(\mathbf{w})=\begin{pmatrix}\dfrac{\partial E}{\partial w_0}\\ \dfrac{\partial E}{\partial w_1}\\ \dfrac{\partial E}{\partial w_2}\end{pmatrix} \tag{4.16}$$

但是，对式（4.14）或式（4.15）进行变形是不可能求出系数 $\mathbf{w}$ 的表达式的。由式（4.15）的组成可知，该式原本就没有包含 $\mathbf{w}$。

于是，我们摒弃了单纯通过公式变形求 $\mathbf{w}$ 的方法，而是采用数值计算，在修正 $\mathbf{w}$ 值的同时求出尽可能小的误差 E。这里的关键点是梯度向量的几何学性质。

例如，(x,y) 平面上有如图 4-4 所示形状的双变量函数 $h(x,y)$，它是以原点 $(0,0)$ 为最低点、开口向上的钟形函数。我们将使用下面的函数展开具体讨论：

$$h(x,y)=\frac{3}{4}(x^2+y^2) \tag{4.17}$$

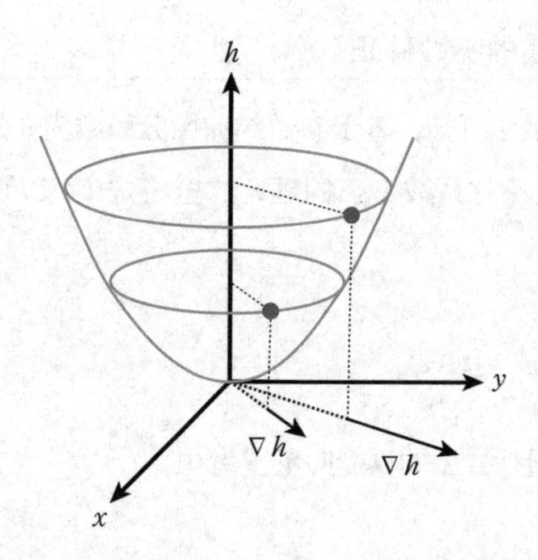

▲图 4-4 梯度向量的图形含义

上式梯度向量的计算如下：

$$\nabla h=\begin{pmatrix}\frac{\partial h}{\partial x}\\ \frac{\partial h}{\partial y}\end{pmatrix}=\begin{pmatrix}\frac{3}{2}x\\ \frac{3}{2}y\end{pmatrix} \tag{4.18}$$

此时，对于任意点(x,y)，随着它向任意方向移动，h 的值也相应增加或减少，梯度向量∇h表示 h 值增加最大的方向，即“斜面笔直向上方向”。另外，梯度向量的大小表示对应点斜面（切面）的倾斜程度。也就是说，各个点沿梯度向量的方向移动的话，$h(x,y)$的值逐渐变大。

反过来说，如果向梯度向量的反方向移动，$h(x,y)$的值则逐渐变小。图 4-4 所示例子中梯度向量∇h从原点出发向外移动，如果向∇h的反方向，即向$-\nabla h$方向移动的话，则会逐渐逼近原点$(0,0)$。这种关系可以通过下式所定义的当前位置$\mathbf{x}_{\text{old}}$和下一位置$\mathbf{x}_{\text{new}}$来表达：

$$\mathbf{x}_{\text{new}}=\mathbf{x}_{\text{old}}-\nabla h \tag{4.19}$$

读者可以想象一下，如果坐标 x 根据式（4.19）不断更新，它是如何逐渐接近原点的。当∇h足够大时，就会出现穿过原点的情况，理想的状况是越靠近原点∇h越小。如图 4-5 所示，图形在原点上方来来去去，逐渐靠近原点[①]。最终到达原点时，此时对应点的梯度向量为 0 并终止于此。

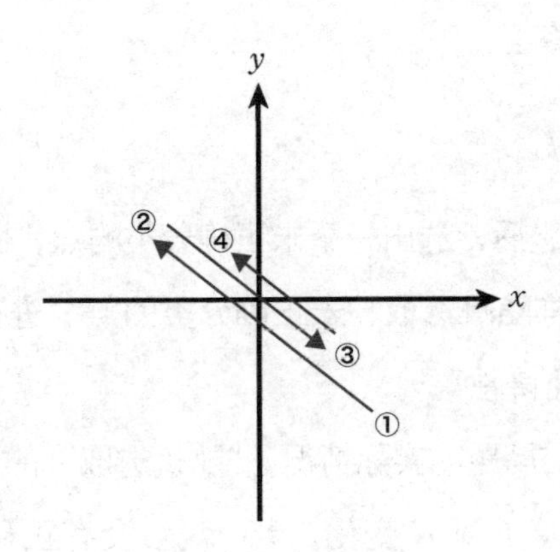

▲图 4-5 重复式（4.19）使之靠近原点的情形

这里讨论的误差$E(\mathbf{w})$为三个变量(w_0, w_1, w_2)的函数，从本质上可以说是一样的。$\mathbf{w}$ 取任意值时，将 $\mathbf{w}$ 沿着由该点计算出的梯度向量$\nabla E(\mathbf{w})$的反方向，即下式定义的方向修正的话，可以减小误差$E(\mathbf{w})$的值。

$$-\nabla E(\mathbf{w}) = \sum_n t_n \boldsymbol{\phi}_n \tag{4.20}$$

所谓“概率梯度下降法”的“梯度下降”，就是沿梯度向量的反方向对参数进行修正，使“误差最底部”降低。

那么，“概率”又是什么含义呢？式（4.20）的右边部分为“没有正

① 根据∇h大小的不同，也会有从原点开始移动的情况。请读者注意，这里并没有进行很严密的讨论。第 4 章介绍感知器时将通过数学证明阐述其是如何收敛的。

确分类的点”之和。假设有 100 个这样的点，需要合计 100 个$t_n\boldsymbol{\phi}_n$，并将该值叠加到 **w** 上。因此，当数据量庞大时，事先计算$t_n\boldsymbol{\phi}_n$会花费大量时间，还要进行采样。

也就是说，我们可以先任意选择一个没有正确分类的点(x_n, y_n)，只对这部分进行参数修正。

$$\mathbf{w}_{\text{new}} = \mathbf{w}_{\text{old}} + t_n\boldsymbol{\phi}_n \tag{4.21}$$

在得到新的 **w** 之后，选出一个未正确分类的点，同样进行式（4.21）的修正过程。像这样随机选取“未正确分类的点”进行参数修正的技术就称为“概率梯度下降法”。

然而，对于当前问题的实际情况，“随机选取”的话反而很麻烦，于是采用“n 的取值从 1 到 N 变化，若(x_n, y_n)没有正确分类，则基于式（4.21）对参数 **w** 进行更新”的处理方式。此处采用“从一端开始顺序选择”的策略替代随机选数。按照$n = 1 \sim N$的顺序处理完成后，再一次以相同的顺序重复操作。

重复几次相同的操作之后，费尽周折终于得到了能将所有点正确分类的直线。这样的话，条件“若(x_n, y_n)没有正确分类”对任何点都不成立了，即便重复相同的操作，参数 **w** 也不会发生变化了。至此，算法就结束了。

这样的直线是否存在主要取决于训练集给定的数据，若有直线能将所有点正确分类，那我们就已经从数学上证明了反复执行相同操作总能得到这样的直线[①]。这就是感知器算法。

另一方面，当这样的直线不存在时，**w** 的值一直在变化。后面会使用示例代码按照指定次数重复操作，出现未正确分类的点时终止处理，并取此时的 **w** 值。

---

① 本书省略了具体的证明方法，一般采用众所周知的“诺维科夫定理”法。

4.1.4 示例代码的确认

这里使用示例代码 04-perceptron.py 运行感知器算法。该示例代码随机生成训练集数据，并根据前述算法确定分类直线。执行顺序如下。

```
$ ipython [Enter]
In [1]: cd ~/ml4se/scripts [Enter]
In [2]: %run 04-perceptron.py [Enter]
```

运行示例代码后得到如图 4-6 所示的图像，分别表示使用两种类型的训练集得出的不同结果。加上最终的分类结果，该图像可展示出算法运行时参数 **w** 的变化过程。

参数 **w** 的初始值设置为 $\mathbf{w}=\mathbf{0}\,(w_0=w_1=w_2=0)$。然后执行"$n$ 的取值从 1 到 N 变化，若 $n=1\sim N$ 没有正确分类，则基于式（4.21）对参数 **w** 进行更新"的处理过程，并记录每次的 **w** 值。总共重复 30 次相同操作。

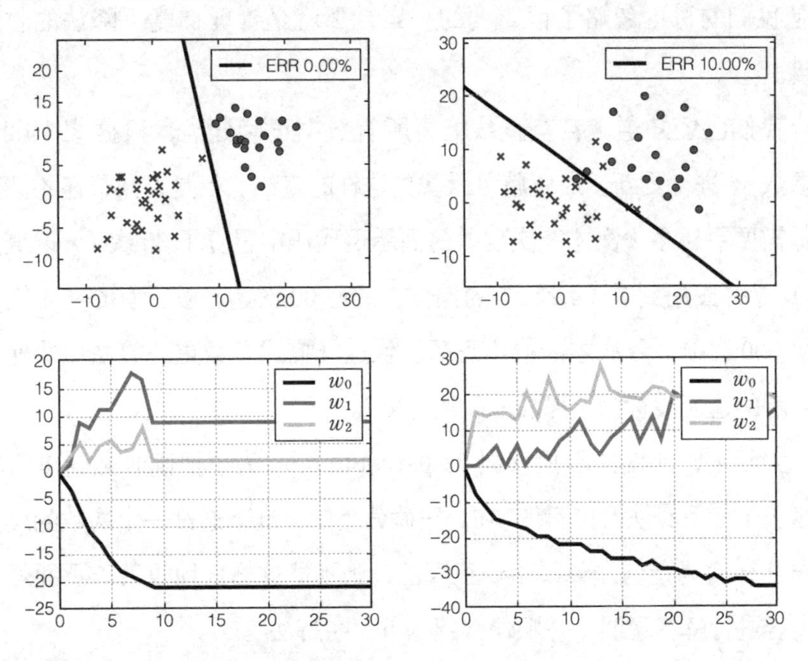

▲图 4-6 基于感知器的数据分类结果

两类训练集的数据类型数量都是 2，但分为容易区分的数据群和不易区分的数据群。数据是随机生成的，结果会根据实际运行情况发生变化，典型结果如图 4-6 所示，包括了完全分类和未完全分类的情况。各个图像中的“ERR”表示未正确分类数据的比例。

由图 4-6 下方参数的变化图像可知，实现完全分类时，参数的变化在中间就停止了。这也印证了前文所述的结论：找出“未正确分类的点”进行参数修正，所有数据完全分类后，再重复执行相同的操作，参数也不会发生变化。而且，我们还知道了在数据无法完全分类的情况下，参数会一直变化，不能收敛到某个特定值。

4.2 感知器的几何学解释

由示例代码的运行结果可知，感知器算法的确能够对数据分类。但是我们的讨论忽略了很重要的一点，那就是管理梯度下降法的收敛速度。

我们已经知道，若有直线能将所有数据正确分类，根据式（4.21）对参数 $\mathbf{w}$ 进行更新，最终就可以找到这样的直线。但是，我们还不清楚具体需要更新多少次才能实现。前面示例代码中重复了 30 次“n 取值为 $n=1\sim N$ 并应用到式（4.21）”的操作，或许 30 次还不够，有时甚至需要重复 300 次或 3 万次才能得出正解。像这样描述参数更新算法中快速得出正解的速度被称为“算法的收敛速度”。

实际上，前面的示例代码 04-perception.py 为了提高收敛速度，稍微修正了一下算法。再看图 4-6，正确分类的情况下通过一定次数的反复操作，$\mathbf{w}$ 变为定值。如果不修正算法，则不能这么快地收敛。下面对修正内容进行解释说明，并顺便介绍一下“图解法”。

4.2.1 对角项的任意性和算法的收敛速度

回顾前一节的讨论，以构建感知器算法为出发点，定义出如下所示的分割(x, y)平面的直线函数$f(x, y)$：

$$f(x, y) = w_0 + w_1 x + w_2 y \tag{4.22}$$

但$f(x, y)$也可以定义为如下形式：

$$f(x, y) = 2w_0 + w_1 x + w_2 y \tag{4.23}$$

这里人为地在常量前面加了 2，如果只将w_0的定义变化 1/2，讨论也不会失去一般性。此时，误差函数如下：

$$E = -\sum_n t_n \mathbf{w}^{\mathrm{T}} \boldsymbol{\phi}_n \tag{4.24}$$

$$\mathbf{w} = \begin{pmatrix} w_0 \\ w_1 \\ w_2 \end{pmatrix} \tag{4.25}$$

$$\boldsymbol{\phi}_n = \begin{pmatrix} 2 \\ x_n \\ y_n \end{pmatrix} \tag{4.26}$$

向量$\boldsymbol{\phi}_n$的对角项为 2，与前面不一样。但误差函数式（4.24）的形式与前面的式（4.11）相同，没有变化。因此，采用与之前一样的方法，就能得到几乎相同的概率梯度下降法过程。

$$\mathbf{w}_{\mathrm{new}} = \mathbf{w}_{\mathrm{old}} + t_n \boldsymbol{\phi}_n \tag{4.27}$$

不过，如式（4.26）所示，向量$\boldsymbol{\phi}_n$的对角项为 2。式（4.27）的t_n取值为± 1，由式（4.27）对 $\mathbf{w}$ 更新的话，w_0只在± 2的范围内变化。

将讨论推广到一般情况，设 c 为任意常量，则 $f(x,y)$ 和 $\boldsymbol{\phi}_n$ 可定义为如下形式：

$$f(x,y)=w_0c+w_1x+w_2y \tag{4.28}$$

$$\boldsymbol{\phi}_n=\begin{pmatrix} c \\ x_n \\ y_n \end{pmatrix} \tag{4.29}$$

此时，基于式（4.27）对 $\mathbf{w}$ 进行更新，则 w_0 只在 $\pm c$ 范围内变化。然后，选择合适的 c 值，从而改善算法的收敛速度。之前示例代码中的 c 值采用了训练集所有 x_n 和 y_n 的均值。

$$c=\frac{1}{2N}\sum_{n=1}^{N}(x_n+y_n) \tag{4.30}$$

我们可以这样直观地来理解。例如，训练集数据 (x_n,y_n) 的值非常大，平均为 1000 左右。此时，基于式（4.27）更新 $\mathbf{w}$ 的话，w_1 和 w_2 值的大小会一下子增大或减小 10 000。此外，对角项为 1 的话，w_0 的值只在 ± 1 的范围内变化。也就是说，w_0 的变化速度赶不上 w_1 和 w_2 的变化速度，始终都无法收敛到正确的 $\mathbf{w}$。不过，如果让对角项的取值和 (x_n,y_n) 的均值一样，并与 w_0 的变化速度保持一致，就可以达到改善算法收敛速度的目的。

不过，有一种特殊情况就是，对角项会很快地收敛到 1。这是因为正确分类数据的直线穿过了原点（或原点附近）。此时，w_0 最后的值为 0（或者接近 0），如果设 w_0 的初始值为 0，即使 w_0 变化速度慢也不会有问题。在介绍感知器的网站上有时也可以看到对角项为 1 的示例代码。读者应该会从这些示例代码的分类结果中发现，其训练集数据一定是被通过原点附近的直线分类的。

4.2.2 感知器的几何学解释

本节从不同角度出发，继续对前面感知器算法的几何学意义进行解释。

首先看一下特殊情况，思考通过(x, y)平面上的直线对数据分类的例子。如果穿过原点的直线能将训练集数据完全分类，则与我们初始的想法是一致的。

此时可以假设$f(x, y)$为如下形式：

$$f(x,y) = w_1 x + w_2 y \tag{4.31}$$

于是，不使用对角项也可以表示出误差函数 E：

$$E = -\sum_n t_n \mathbf{w}^{\mathrm{T}} \boldsymbol{\phi}_n \tag{4.32}$$

$$\mathbf{w} = \begin{pmatrix} w_1 \\ w_2 \end{pmatrix} \tag{4.33}$$

$$\boldsymbol{\phi}_n = \begin{pmatrix} x_n \\ y_n \end{pmatrix} \tag{4.34}$$

使用以上符号表示概率梯度下降法的过程如下：

$$\mathbf{w}_{\text{new}} = \mathbf{w}_{\text{old}} + t_n \boldsymbol{\phi}_n \tag{4.35}$$

虽然形式上看起来一样，但不同的地方是 $\mathbf{w}$ 和$\boldsymbol{\phi}_n$为二维向量。再加上上述符号，直线$f(x, y) = 0$可以表示为如下形式：

$$\mathbf{w}^{\mathrm{T}} \mathbf{x} = 0 \tag{4.36}$$

该式表明，从原点出发指向直线上点(x, y)的向量 $\mathbf{x}$ 和向量 $\mathbf{w}$ 是正交的，即 $\mathbf{w}$ 是与直线$f(x, y) = 0$正交的法线向量，更准确的描述应该是"$f(x, y)$ 的值增加方向的法线向量"。

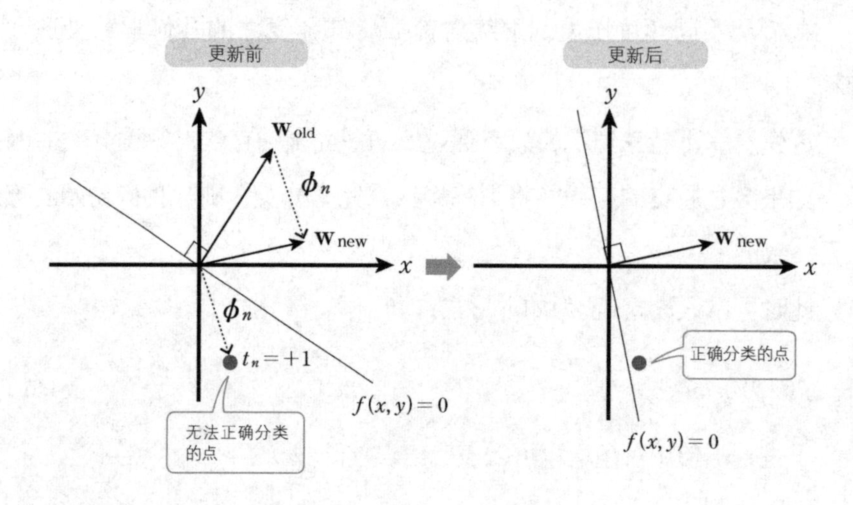

▲图 4-7 基于参数更新的分割线变化

我们来分析一下图 4-7 所示的情况。在$f(x, y) < 0$的区域内存在$t_n = +1$的点，即存在没有正确分类的点(x_n, y_n)。由式（4.34）可知，(x_n, y_n)是从原点出发指向点(x_n, y_n)的向量。这种情况下使用式（4.35）修正参数 $\mathbf{w}$ 会得到如图 4-7 所示的结果，法线向量 $\mathbf{w}$ 会沿着ϕ_n的方向进行修正。直线的变化结果是将那些没有正确分类的点划分到正确类别。

由此可知，这种感知器算法通过修正分割直线的法线向量，达到了修正直线方向的目的。

4.2.3 对角项的几何学意义

那么，除了分割数据的直线穿过原点之外的其他一般情况，是否也可以用前面的图解法来解释呢？答案是肯定的，我们可以将前面的讨论扩展至三维空间。

扩展到三维空间(x, y, z)的话，就存在两种类型的数据群$t_n = \pm 1$，我们可以把它作为“穿过原点平面”的分类问题进行思考。通常使用函数$f(x, y, z)$，以$f(x, y, z) = 0$的形式表示穿过原点的平面。

$$f(x, y, z) = w_0 z + w_1 x + w_2 y \tag{4.37}$$

而误差函数的定义如下：

$$E = -\sum_n t_n \mathbf{w}^{\mathrm{T}} \boldsymbol{\phi}_n \tag{4.38}$$

$$\mathbf{w} = \begin{pmatrix} w_0 \\ w_1 \\ w_2 \end{pmatrix} \tag{4.39}$$

$$\boldsymbol{\phi}_n = \begin{pmatrix} z_n \\ x_n \\ y_n \end{pmatrix} \tag{4.40}$$

然后，采用与之前相同的方法，参数修正过程如下：

$$\mathbf{w}_{\text{new}} = \mathbf{w}_{\text{old}} + t_n \boldsymbol{\phi}_n \tag{4.41}$$

这里的向量 $\mathbf{w}$ 是与平面$f(x, y, z) = 0$正交的法线向量。因此式（4.41）的过程可以理解为通过修正法线向量的方向，达到修正分割平面方向的目的。

另外，针对这个问题需要考虑一种特殊情况，那就是“给定的训练集数据全部为$z = c$”。如图 4-8 所示，$z_n = c$定义的平面会穿过所有数据。此时，式（4.38）至式（4.41）的计算过程与对角项为 c 时的感知器算法是相同的。

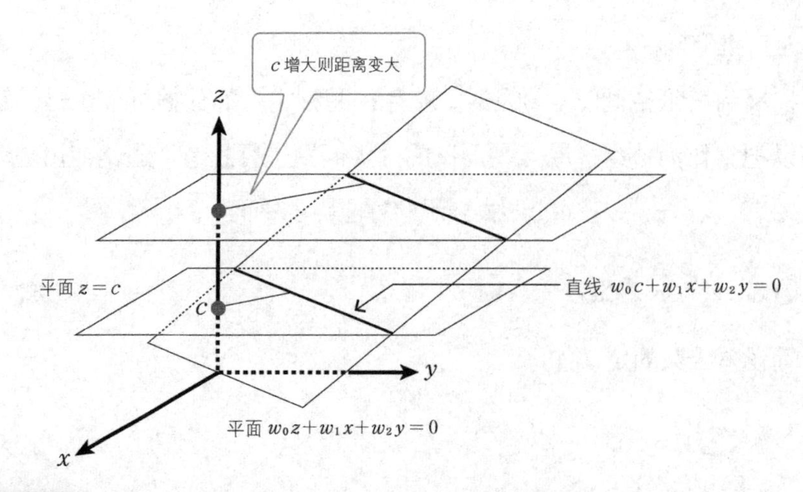

▲图 4-8　平面 $z=c$ 与平面 $w_0z+w_1x+w_2y=0$ 相交的直线

此外，在对角项为 c 的感知器中，分割平面的直线被定义为如下形式：

$$f(x,y)=w_0c+w_1x+w_2y=0 \tag{4.42}$$

我们可以把该直线理解为数据群所在平面 $z=c$ 和平面 $f(x,y,z)=0$ 相交而成。于是，前面提到的“穿过原点的平面分割三维空间数据”问题的特殊情况，就可以用本章介绍的感知器算法来解释了。

此时，分割 (x,y,z) 空间的平面一定满足穿过原点这个前提条件，不过重点是与平面 $z=c$ 交叉的直线不一定需要穿过平面上的原点，而且交叉位置会随着包含数据群的平面 $z=c$ 的位置而改变。通常来说，c 的值与 0 的差值越大，与平面 $z=c$ 交叉的直线离平面原点越远。

也就是说，修正对角项使 c 的值变大，更容易得到不穿过原点的分割线。换言之，正确分割数据的直线离原点很远时，要改善收敛速度就必须修正对角项。反过来说，如 4.2.1 节所述，解答方式为“使用穿过原点的直线”的这类问题是不需要修正对角项的。

Logistic 回归和 ROC 曲线：学习模型的评价方法

第 5 章 Logistic 回归和 ROC 曲线：学习模型的评价方法

本章主要介绍 Logistic 回归的相关知识。本章将使用 1.3.2 节中的“例题 2”。

Logistic 回归和上一章介绍的感知器一样，也是一种分类算法，两者的不同之处是 Logistic 回归使用概率进行最优推断法来确定参数。使用概率的结果就是在推断未知数据的属性时，不是单纯推断“该数据为 $t=1$”，而是以“$t=1$的概率为 70%”这种概率的形式表示推断结果。

另外，我们还会使用 ROC 曲线对评价机器学习算法（学习模型）的方法进行说明。就像“例题 2”的“解释说明”部分提到的“判断病毒感染”的内容，这是可以应用到实际问题中的知识体系。

5.1 对分类问题应用最优推断法

正如第 3 章所述，最优推断法首先设定取得某数的概率，再反过来计算获得训练集数据的概率（似然函数）。然后，通过似然函数最大化条件即可确定初始设定的概率公式中包含的参数。

这里将该过程用到“例题 2”上，生成判断新数据所属分类概率的推断模型。不过“例题 2”本来是用$t=\pm1$表示两种数据的属性，这里为了便于计算，改用$t=0,1$来表示。$t=1$的数据用●表示，$t=0$的数据用 × 表示。

5.1.1 数据发生概率的设置

首先，和感知器一样，将表示划分两类数据的直线的一次函数定义为如下形式：

$$f(x,y)=w_0+w_1x+w_2y \tag{5.1}$$

如图 5-1 所示，$f(x,y)=0$确定分割线，沿分割线正交方向移动的话，$f(x,y)$的值在$-\infty<f(x,y)<\infty$范围内变化。

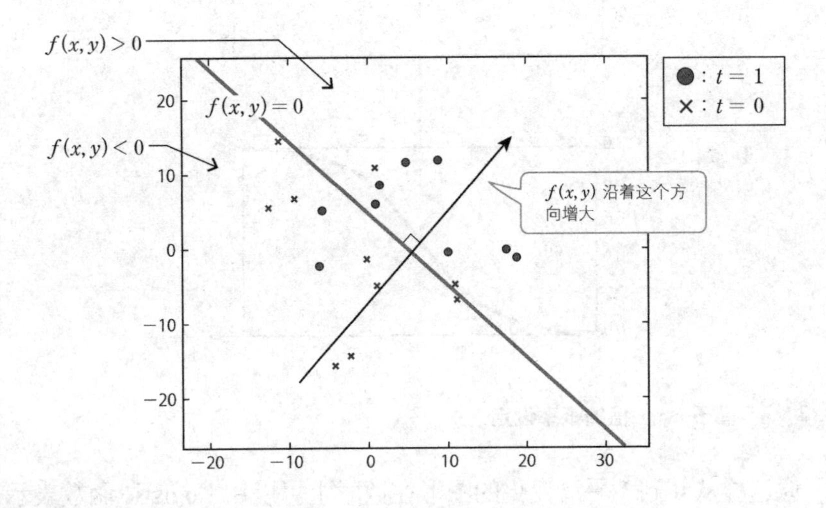

▲图 5-1　**函数 $f(x,y)$分割的平面**

接着，对于(x,y)平面上的任意点，考虑数据属性为$t=1$的概率。根据图 5-1 可知，分割线越往右上方移动，$t=1$的概率越高。而且，分割线上$t=1$的概率和$t=0$的概率是相同的，$t=1$的概率正好为$1/2$。因为数据的属性值只有$t=1$或 $t=0$，假设$t=1$的概率为 P，则$t=0$的概率为$1-P$。

如图 5-1 中的图注所示，用$f(x,y)$的值可以判断远离分割线的程度。那么图 5-2 则表示$f(x,y)$的值与数据属性为$t=1$的概率相对应。图 5-2 下方的图形显示了数据属性为$t=1$的概率随着$f(x,y)$的值在$-\infty$到$+\infty$区间内增大，对应的概率从 0 到 1 平滑变化。

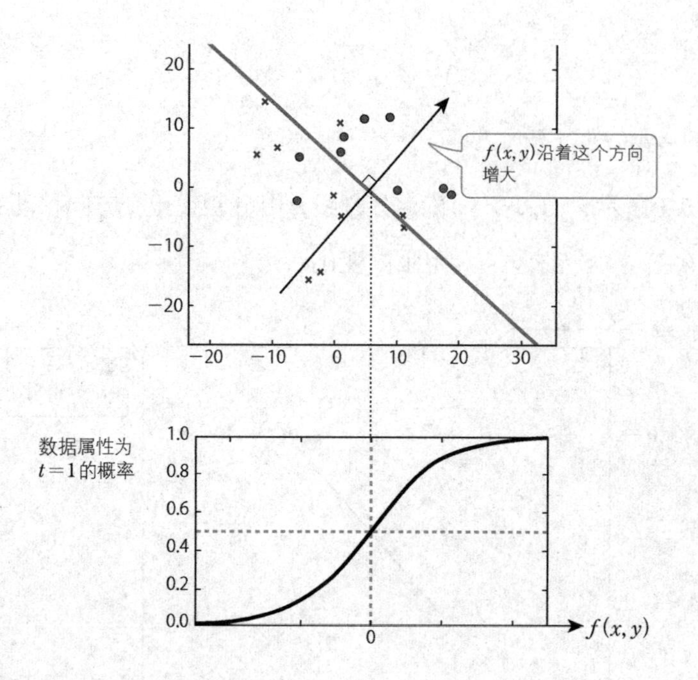

▲图 5-2 基于 $f(x,y)$ 值的概率设定

像这样从 0 到 1 平滑变化的图形在数学上可以用 Logistic 函数表示，如图 5-3 所示。

$$\sigma(a)=\frac{1}{1+\mathrm{e}^{-a}} \tag{5.2}$$

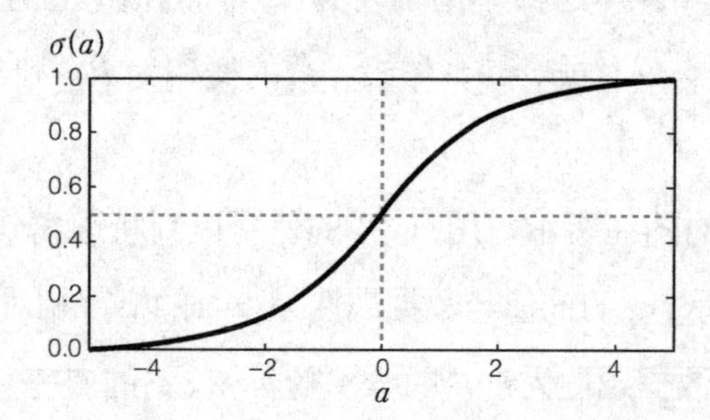

▲图 5-3 Logistic 函数图形

式（5.2）中 a 的值在 $-\infty$ 到 $+\infty$ 区间内变化，而 $\sigma(a)$ 的值在 0 到 1 区间内平滑变化。并且，$a=0$ 时，a 的值正好为 1/2。将 $f(x,y)$ 的值作为该函数参数代入，完全可以得出图 5-2 所示的对应关系。

总结以上观察结果，用下式表示在点 (x,y) 取得属性为 $t=1$ 的数据的概率：

$$P(x,y)=\sigma(w_0+w_1x+w_2y) \tag{5.3}$$

反过来，取得属性为 $t=0$ 的数据的概率则为 $1-P(x,y)$。接下来，我们以这个概率为基础，思考一下得到训练集数据 $\{(x_n,y_n,t_n)\}_{n=1}^{N}$ 的概率。

首先考虑只有一个特定数据 (x_n,y_n,t_n) 的情况，在 $t_n=1$ 和 $t_n=0$ 时，根据不同条件，取得该数据的概率分别如下：

$$t_n=1\text{时：}P(x_n,y_n) \tag{5.4}$$

$$t_n=0\text{时：}1-P(x_n,y_n) \tag{5.5}$$

使用一点数学技巧即可将式（5.4）和式（5.5）改写为如下形式：

$$P_n=P(x_n,y_n)^{t_n}\{1-P(x_n,y_n)\}^{1-t_n} \tag{5.6}$$

这里用到了一个知识点：对任意的 x 都有 $x^0=1$、$x^1=x$ 成立。在 $t_n=1$ 和 $t_n=0$ 的条件下分别进行计算，式（5.6）可变形为如下形式：

$$\text{当}t_n=1\text{时：}P_n=P(x_n,y_n)^1\{1-P(x_n,y_n)\}^0=P(x_n,y_n) \tag{5.7}$$

$$\text{当}t_n=0\text{时：}P_n=P(x_n,y_n)^0\{1-P(x_n,y_n)\}^1=1-P(x_n,y_n) \tag{5.8}$$

这里将式（5.3）代入式（5.6），则 P_n 可表示为：

$$P_n=z_n^{t_n}(1-z_n)^{1-t_n} \tag{5.9}$$

这里的z_n是由下式定义的表示“第 n 个数据的属性为$t=1$的概率”。

$$z_n = \sigma(\mathbf{w}^{\mathrm{T}}\boldsymbol{\phi}_n) \tag{5.10}$$

通过感知器的计算，使得 $\mathbf{w}$ 和$\boldsymbol{\phi}_n$与式（4.12）和式（4.13）一致。$\mathbf{w}$ 为由函数$f(x,y)$系数构成的列向量，$\boldsymbol{\phi}_n$为在训练集中第 n 个数据的坐标上添加对角项构成的向量。

$$\mathbf{w} = \begin{pmatrix} w_0 \\ w_1 \\ w_2 \end{pmatrix} \tag{5.11}$$

$$\boldsymbol{\phi}_n = \begin{pmatrix} 1 \\ x_n \\ y_n \end{pmatrix} \tag{5.12}$$

最后统筹考虑训练集包含的所有数据，则总概率为各个数据概率式（5.9）的乘积。

$$P = \prod_{n=1}^{N} P_n = \prod_{n=1}^{N} z_n^{t_n}(1-z_n)^{1-t_n} \tag{5.13}$$

由式（5.10）定义可知，概率 P 为所求系数 $\mathbf{w}$ 的函数。似然函数将训练集得出的概率 P 作为参数 $\mathbf{w}$ 的函数。而最优推断法所采用的方法就是在似然函数最大化时确定参数 $\mathbf{w}$，因此它被认为是确定参数 $\mathbf{w}$ 的方法。

5.1.2 基于最优推断法的参数确定

接着计算式（5.13）定义的概率 P 最大化时的参数 $\mathbf{w}$。但是数学公式很复杂，只依靠公式变形无法直接求出 $\mathbf{w}$。对于这个问题，这里采用和感知器一样的算法，沿着概率 P 增大的方向重复执行修正 $\mathbf{w}$ 的过程。

感知器的概率梯度下降法中使用的简化方法只将参数沿梯度向量的反方向进行修正。当然，该问题也可以采用更严密的方式讨论。将单变量方程式的数值计算中用到的牛顿法扩展至多维，变换为“拟牛顿法”，得到如下算法：

$$\mathbf{w}_{\text{new}} = \mathbf{w}_{\text{old}} - (\mathbf{\Phi}^{\mathrm{T}}\mathbf{R}\mathbf{\Phi})^{-1}\mathbf{\Phi}^{\mathrm{T}}(\mathbf{z}-\mathbf{t}) \tag{5.14}$$

这里的 $\mathbf{t}$ 为由训练集数据属性值t_n构成的列向量，$\mathbf{\Phi}$表示由训练集数据坐标的向量$\boldsymbol{\phi}_n$组成的行向量构成的$N\times3$矩阵。$\mathbf{z}$ 为z_n组成的列向量，最后 $\mathbf{R}$ 变换为对角元素为$z_n(1-z_n)$的对角矩阵。

$$\mathbf{t} = \begin{pmatrix} t_1 \\ \vdots \\ t_N \end{pmatrix} \tag{5.15}$$

$$\mathbf{\Phi} = \begin{pmatrix} 1 & x_1 & y_1 \\ 1 & x_2 & y_2 \\ \vdots & \vdots & \vdots \\ 1 & x_N & y_N \end{pmatrix} \tag{5.16}$$

$$\mathbf{z} = \begin{pmatrix} z_1 \\ \vdots \\ z_N \end{pmatrix} \tag{5.17}$$

$$\mathbf{R} = \mathrm{diag}[z_1(1-z_1), \cdots, z_N(1-z_N)] \tag{5.18}$$

上面的 $\mathbf{t}$ 和$\mathbf{\Phi}$是由训练集数据计算得到的“常量”向量和矩阵。另外，由式（5.10）可知 $\mathbf{z}$ 和 $\mathbf{R}$ 中含有的z_n依赖于参数 $\mathbf{w}$。

也就是说，给定参数$\mathbf{w}_{\text{old}}$后，先计算出 $\mathbf{z}$ 和 $\mathbf{R}$，然后再代入式（5.14）确定修正后的新参数$\mathbf{w}_{\text{new}}$。用$\mathbf{w}_{\text{new}}$替代$\mathbf{w}_{\text{old}}$，计算出新的$\mathbf{w}_{\text{new}}$并不断重

复这个过程。这种迭代使式（5.13）中概率 P 的值不断增大，证明其最终可以达到最大值。

具体的推导过程在 5.3 节中，感兴趣的读者可以参阅这部分内容。此外，这个过程的全称为“迭代重复加权最小二乘法”（Iteratively Reweighted Least Squares）。这个名字有点长，因此本书使用其英文缩写 IRLS 来代替。

由后面介绍的导出过程（与牛顿法的相似性）可知，重复式（5.14）的计算使 P 的值接近最大值，参数 $\mathbf{w}$ 的变化比例减小。在后面的示例代码中，当满足下式的条件时计算终止：

$$\frac{\|\mathbf{w}_{\text{new}}-\mathbf{w}_{\text{old}}\|^2}{\|\mathbf{w}_{\text{old}}\|^2}<0.001 \tag{5.19}$$

根据图 5-4 思考 $\mathbf{w}$ 作为向量时的变化情况可知，“向量的变化量的二次方”还达不到“修正前的向量大小的二次方”的 0.1%。

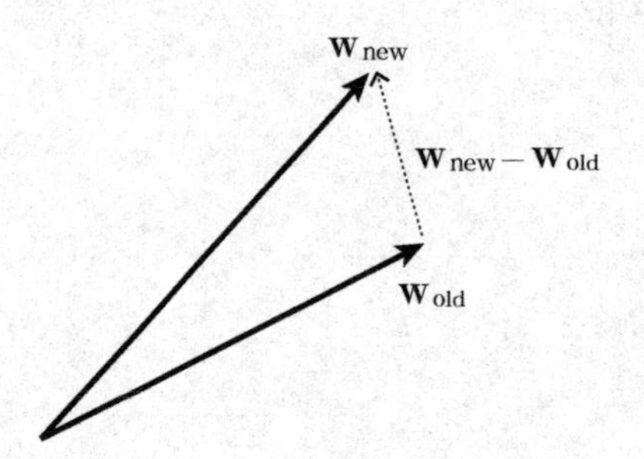

▲图 5-4 向量的参数变化

5.1.3 示例代码的确认

使用示例代码 05-logistic_vs_perceptron.py 进行 Logistic 回归计算。该示例代码会随机生成训练集数据，用 IRLS 法确定分类这些数据的直线。另外，为了做比较，还会用感知器算法计算相同数据，并用图形表示各个算法得到的直线。执行顺序如下。

```
$ ipython Enter
In [1]: cd ~/ml4se/scripts Enter
In [2]: %run 05-logistic_vs_perceptron.py Enter
```

运行示例代码可以得到如图 5-5 所示的图形，分别生成 4 种类型的数据并表示出各个结果。实线表示 Logistic 回归的计算结果，虚线表示感知器的计算结果。因为是随机生成 4 种训练集数据，根据实际运行情况结果也不同。每个图形中都混合显示了两种数据的计算情况，典型场景是得到了能明确分割数据的直线以及得到了不能明确分割数据的直线，如图 5-5 所示。图中的 ERR 值表示未正确分类数据的比例。

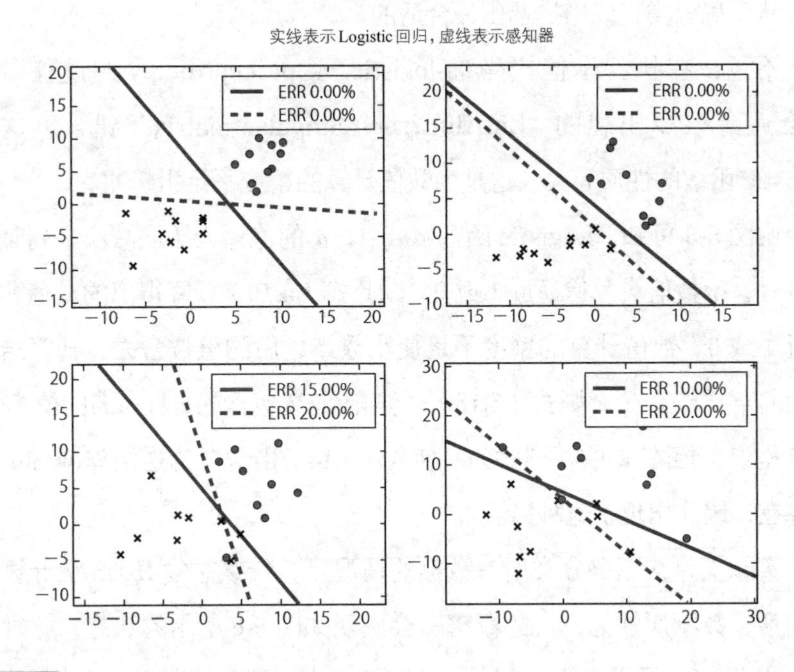

▲图 5-5 Logistic 回归和感知器的比较

和示例代码 04-perception.py 一样，在感知器算法中，“对于$n=1\sim N$，如果未正确分类则修正参数 **w**”这个过程在重复执行 30 次后便会终止。而在 Logistic 回归中，基于式（5.14）修正参数时，在满足式（5.19）成立的条件时终止计算。不过，如果执行 30 次式（5.14）修正过程后仍不满足式（5.19）成立的条件，也会立即终止计算。

从图 5-5 左上或右上的例子可知 Logistic 回归算法的优势。虽然感知器和 Logistic 回归都能正确地分类数据，但 Logistic 回归生成的分割线大致位于各类属性数据群的中间部分，而感知器生成的分割线则稍微偏离中心。

这是因为感知器的概率梯度下降法一旦正确分类所有数据后，参数的变化也随之停止，而 Logistic 回归则是在训练集数据整体概率最大化时，从正确分类直线中挑选出最合适的。

不过，在执行示例代码 05-logistic_vs_perceptron.py 的过程中可能会遇到很少出现的“LinAlgError：Singular matrix”错误。这与 Logistic 函数的性质有关，这是由数值计算的精度不足引起的。

由图 5-3 可知，Logistic 函数$\sigma(a)$中，a 的值增大（或减小）到某种程度时，函数值会急速逼近 1 或 0。因此式（5.10）计算得出的z_n值非常接近 1 或 0。数值计算的精度不足使小数点之后的值被舍去，计算结果记为$z_n=1$或$z_n=0$，则式（5.18）对角矩阵 **R** 包含的$z_n(1-z_n)$的值为 0。也就是说，矩阵 **R** 的行列式为 0 使式（5.14）中包含的逆矩阵$(\mathbf{\Phi}^{\mathrm{T}}\mathbf{R}\mathbf{\Phi})^{-1}$不存在，因此出现了这种错误。

实际上，在正确分类所有数据的情况下，继续重复 IRLS 法计算过程的话，数据属性为$t=1$的概率z_n会出现如图 5-6 所示的状态，此时一定会出现上述错误。原因就是，在图 5-6 中，所有属性为$t_n=1$的数据z_n大致为 1，而所有属性为$t_n=0$的数据z_n大致为 0。由此可知，对于式

（5.13）的训练集数据概率，理论上的最大值为1。

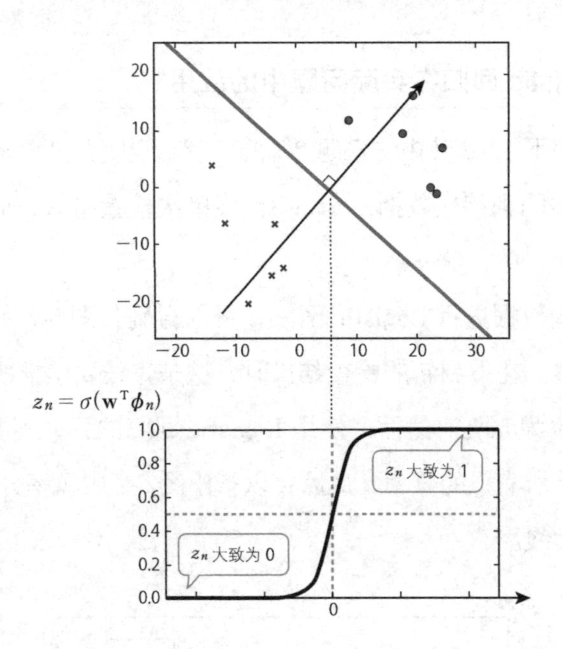

▲图5-6　基于Logistic回归的过度拟合

我们可以认为这是特化训练集后为得到最适化的概率而发生的一种过度拟合。为了避免此类问题发生，示例代码在满足式（5.19）的条件时终止计算。

5.2 基于ROC曲线的学习模型评价

对于平面上的各点(x, y)，Logistic回归是基于“该点得到数据$t=1$的概率”这样的思路来确定分割线的，最终得出的分割线$f(x, y)=0$正好与值为1/2的点对应。

不过，将Logistic回归的结论应用到现实问题中时，把概率1/2作为分界线却不一定合适。这里使用ROC曲线对判断分界线的概率的方法进行说明。ROC曲线还利用了机器学习算法（学习模型）中判断事物好坏的特性。

5.2.1 Logistic 回归在实际问题中的应用

先回顾一下 1.3.2 节中“例题 2”的“解释说明”部分提到的现实问题。对于其中的训练集数据，(x_n, y_n)代表单次检查结果，而t_n代表实际是否感染病毒。

使用这些数据进行 Logistic 回归，可以得到如图 5-7 所示的分割两类数据的直线。在得到新的检查结果时，这条直线表示推断出该对象感染病毒的概率为 50%。然而，使用 Logistic 回归的话，则要由式（5.3）计算出平面上所有点的概率，最后可以得出图 5-7 中概率分别为 20% 和 80% 这两条虚线。

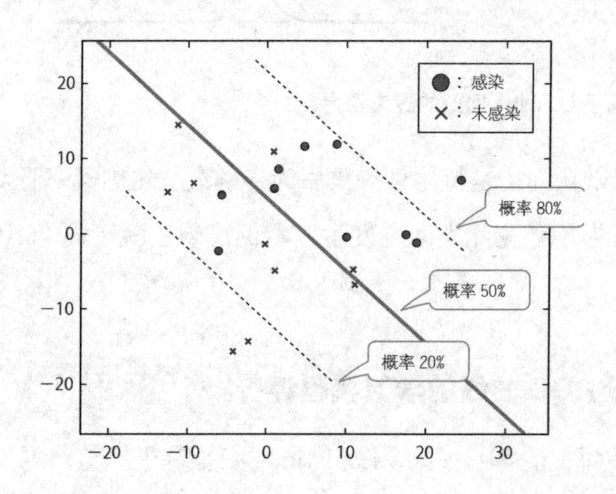

▲图 5-7 检查结果与是否感染病毒之间的关系

“例题 2”的“解释说明”中也提到了，对于接受一次检查的新对象，当检查结果在直线右上方区域时，会劝告该对象做进一步检查。这里的含义就是，对于感染概率被推断为 50% 以上的人，会建议他们做进一步检查。

然而，这真的是正确的判断方法吗？假如面对的是重大疾病，感染概率就不能设置为50%，检测出较低感染概率（20%以上）时可能就应该建议被检对象做进一步检查。不过，如果作为判断标准的概率太低的话，几乎所有被检对象都需要做进一步检查，那之前的那次检查也就失去意义了。在这种情况下，要想确定合适的判断标准，就要考虑"真阳性率"和"假阳性率"。为了说明这些概念，首先定义如下用语。

对于普通的分类问题，具有目标属性的数据称为"阳性"(Positive)，反之则称为"阴性"（Negative）。目标属性根据实际处理的问题而不同，在上面那个例子中目标属性为$t=1$，目的是找出感染病毒的对象。因此，$t=1$的数据为阳性。后面，我们可以使用"阳性概率"来替代之前"$t=1$的概率"的说法。

接着，以Logistic回归计算出的概率为依据，判断新数据是否为阳性，但这种判定不一定正确。对于判定为阳性的数据，的确为阳性的数据称为"真阳性"（True Positive，TP），而实际为阴性的数据称为"假阳性"（False Positive，FP）。如图5-7所示，在被选定为判断标准的直线的右上方区域中，真阳性数据表示为●，假阳性数据表示为×。在所有标记为阳性的数据中，真阳性数据所占比例称为"真阳性率"（TP率），而在所有标记为阴性的数据中，"假阳性"数据所占比例称为"假阳性率"（FP率）。

用语言描述有点复杂，看图5-8中的说明就可以很快明白它们的含义。真阳性率表示感染病毒的人群中得到正确诊断的比例[①]，假阳性率表示未感染病毒的人群中被错误诊断的比例。读者应该可以自行理解图

① 在大部分实际问题中，阳性数据都比阴性数据少。图5-8强调了这一点。

5-8 中所描述的“假阴性”（False Negative，FN）和“真阴性”（True Negative，TN）的含义。

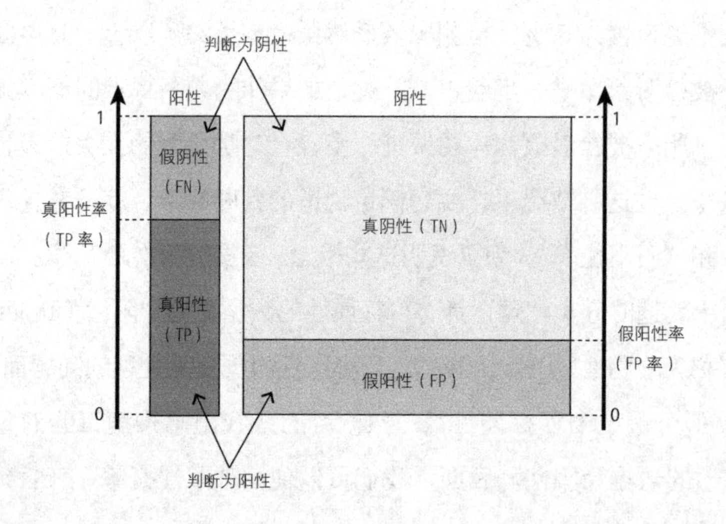

▲图 5-8　**真阴性率和假阳性率的定义**

从医生的角度来说，他们肯定希望真阳性率尽可能高，这样就可以救助更多的感染者，同时他们肯定希望尽量降低假阳性率，这样就可以减轻那些被误诊人群的思想负担。由此可知，对于实际的分类问题，我们需要权衡真阳性率和假阳性率之间的关系来设定判断基准。

接下来介绍的 ROC 曲线就是分析这种真阳性率和假阳性率之间关系的工具。

5.2.2　基于 ROC 曲线的性能评价

为了理解“权衡真阳性率和假阳性率之间的关系”这个概念，我们需要进行下面的操作。首先对图 5-7 所示的训练集应用 Logistic 回归，确定函数$f(x,y)$的参数(w_0,w_1,w_2)。然后，将该参数代入式（5.3），得出坐标为(x,y)的数据的属性为$t=1$的概率的计算公式$P(x,y)$。接着，使用该计算公式求出训练集中各个数据的概率$P(x_n, y_n)$，并按概率大小排列数据。

使用图5-7中用到的实际数据进行以上操作，可以得到如表5-1所示的结果。阳性（$t=1$）和阴性（$t=0$）数据各为10个，所有数据按概率由高到低排列。由该结果可知，将判断基准设定在不同位置，即可找出真阳性率和假阳性率的变化规律。

▼表5-1 按照概率高低排列的训练集数据

No.	x	y	t	P
1	24.43	6.95	1	0.98
2	8.84	11.92	1	0.91
3	18.69	–1.17	1	0.86
4	17.37	–0.07	1	0.86
5	4.77	11.66	1	0.85
6	0.83	10.74	0	0.73
7	1.57	8.51	1	0.69
8	10.07	–0.53	1	0.66
9	0.99	6.04	1	0.58
10	10.73	–4.88	0	0.53
11	11.16	–6.77	0	0.47
12	–11.21	14.64	0	0.46
13	–5.67	5.05	1	0.31
14	–0.06	–1.47	0	0.28
15	–9.25	6.74	0	0.26
16	1.05	–4.86	0	0.21
17	–12.35	5.61	0	0.16
18	–6.12	–2.41	1	0.12
19	–2.17	–14.40	0	0.04
20	–4.06	–15.70	0	0.02

举一个极端的例子，假定阳性的判断基准为$P>1$，此时并不存在概率 P 大于 1 的数据，表 5-1 中的所有数据都被判定为阴性。由于没有正确判断出任何阳性数据，因此真阳性率为 0。另外，也没有阴性数据被错判为阳性，因此假阳性率也为 0。

接着，在第一个和第二个数据之间设置判断基准。例如，设置阳性的判断基准为$P>0.95$，此时可以正确判断第一个数据为阳性。阳性数据总共有 10 个，此时的真阳性率为$1/10$，假阳性率仍然为 0。

继续在第二个和第三个数据之间设置判断基准。例如，设置阳性的判断基准为$P>0.90$，此时的真阳性率为 2/10，假阳性率仍然为 0。

以这种方式逐段计算各个数据的真阳性率和假阳性率。从表 5-1 中的数据可以得出 21 个真阳性率和假阳性率组。读者应该可以很容易想到结果：随着判断基准的降低，真阳性率逐渐增加，而假阳性率也随之增加。

为了能让读者直观体会，用如图 5-9 所示的图像展示该变化过程，纵轴为真阳性率，横轴为假阳性率，构成各个真阳性率和假阳性率组。随着判断基准的变化，一下就能看出真阳性率和假阳性率的变化规律。

后面应对实际问题时，我们会讨论应该如何从图 5-9 所示的多个选项中选出合适的判断基准。例如，在可接受的假阳性率范围内，尽量选择真阳性率高的点，并将该点的概率 P 作为判断基准。

正如第 1 章强调过的，机器学习得出的结果和实际的商业决策指标是完全不同的东西。从这个例子也可以看出，如果没有充分理解机器学习结果的含义，就把它应用到实际问题中，则很难得到有用的结果。

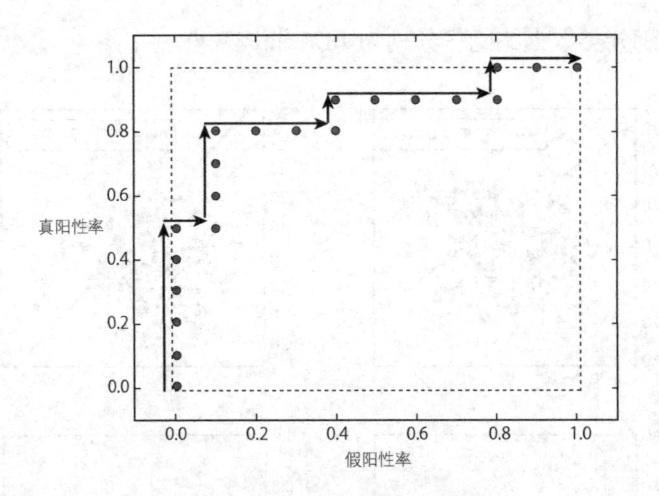

▲图 5-9 判断基准的变化对真阳性率和假阳性率的影响

5.2.3 示例代码的确认

如图 5-9 所示，一般将表示真阳性率和假阳性率之间关系的图称为 ROC（Receiver Operating Characteristic）曲线。因为图 5-9 所示例子中的训练集数据并不多，因此图形呈现为台阶状。随着数据量的增加，图形会更接近平滑的曲线。

这里的示例代码 05-roc_curve.py 使用庞大的训练集来描绘 ROC 曲线。执行顺序如下。

```
$ ipython Enter
In [1]: cd ~/ml4se/scripts Enter
In [2]: %run 05-roc_curve.py Enter
```

示例代码的运行结果如图 5-10 所示，随机生成了两种类型的训练集，并且展示了各个训练集使用 Logistic 回归的分类结果所对应的 ROC 曲线。每种训练集都有●和 × 这两种属性的数据，混杂度各不相同，大体可以分成易分类数据群和不易分类数据群。在如图 5-10 所示的例子

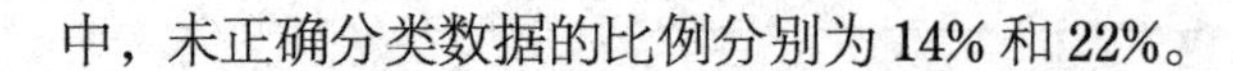
中，未正确分类数据的比例分别为 14% 和 22%。

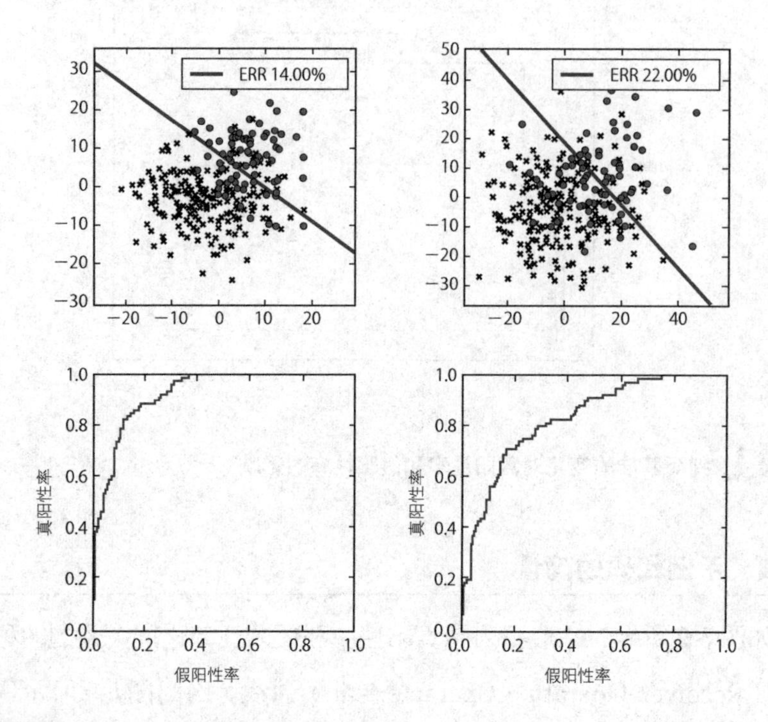

▲图 5-10 **两种类型 ROC 曲线的比较**

此时比较各个 ROC 曲线可知，易分类数据群的 ROC 曲线向左上方扩张，即 ROC 曲线方框左上角对应的是理想的判定方法。该部分的真阳性率为 1（正确判断所有的阳性数据）或假阳性率为 0（没有错判为阳性的阴性数据），可以说是非常理想的判定方法。实际的数据不可能得出这样的判断基准，通常认为越靠近左上角的 ROC 曲线，其可用性越高。

像这样存在多个分类结果时，通过比较各个 ROC 曲线便可判断分类结果的好坏。这里是对不同的训练集使用相同的 Logistic 回归算法，如果对同一个训练集应用不同的分类算法，又会得出什么结果呢？同样使用 ROC 曲线比较各个分类算法得出的结果，便可判断出哪种算法更优。

计算ROC曲线映射的曲线下面积（Area Under the Curve，AUC），该面积的大小可作为算法优良程度的判断基准。

ROC曲线方框的左上角对应的是理想的判定方法，方框的其他部分（见图5-11）还对应着特殊的判定方法。例如，左下角对应于所有数据被无条件判定为阴性的情况。此时，所有数据被判定为阴性，不会出现假阳性，也就是说根本不可能正确找到阳性数据。与之相反的极端情况是，右上角的所有数据都被无条件判定为阳性。此时可以正确判定出所有阳性数据，真阳性率为1，但所有阴性数据也被错判为阳性，假阳性率也为1。可以说，这意味着根本没有对训练集进行任何学习，完全是“无知”的判定方法。

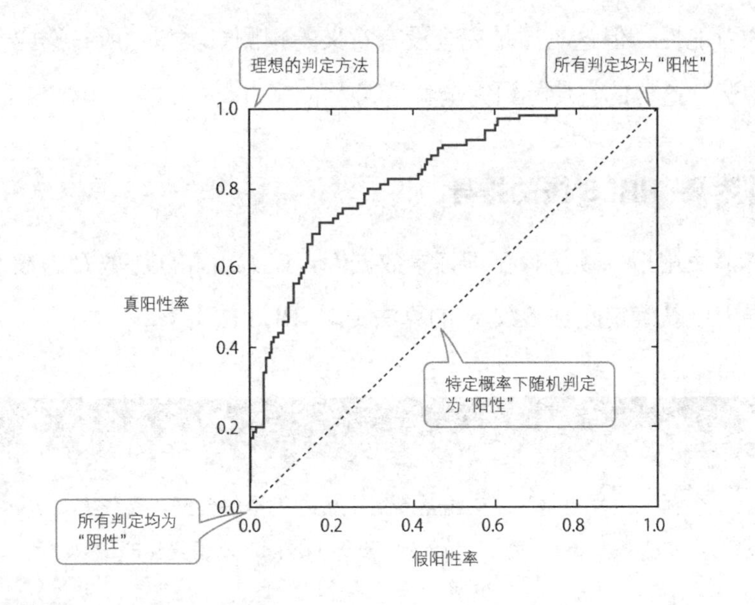

▲图5-11 特殊判定法对应的部分

还有其他一些“无知”的判定方法。例如，在给定新数据时，掷骰子有1/2的概率得到阳性，以此来判定的话会怎么样呢？此时，真阳性率和假阳性率都为0.5。通常来说，在ROC曲线方框中，连接左下角和右上角的对角直线上的点对应于这种判定方法。基于特定概率 P 判定阳性的情况下，真阳性率和假阳性率都为 P。

究其原因，可以通过图 5-8 进行理解。对于所有数据，以特定概率 P 来判定其是否为阳性带来的结果是，对各个阳性和阴性数据都会以概率 P 将其判定为阳性，于是真阳性率和假阳性率都为 P。

也就是说，只进行了部分学习过程的 ROC 曲线算法一定出现在图 5-11 中虚线的左上部分。假设有某种算法出现在虚线的右下部分，则说明这种算法比“无知”的算法更坏，这是一种故意误判的算法。

从以上讨论可知，只根据真阳性率或假阳性率是无法判断出算法优劣的。就像买彩票一样，虽然的确存在能预测出所有号码，使真阳性率为 1 的可能性，但这明显是完全没有意义的预测。类似“所有选中号码一定中奖”这样的宣传标语完全就是骗人的。

5.3 附录：IRLS 法的推导

本节使用拟牛顿法，在训练集数据$\{(x_n, y_n, t_n)\}_{n=1}^{N}$的概率 P 为最大化时，导出可以确定此时参数 $\mathbf{w}$ 的算法（即 IRLS 法）。

数学之家

为了使讨论过程更清晰，这里重新定义各种符号的含义。首先 Logistic 函数表示为下式。如图 5-3 所示，这是一个在 0~1 区间内平滑变化的函数。

$$\sigma(a)=\frac{1}{1+e^{-a}} \tag{5.20}$$

根据定义进行计算可知，Logistic 函数满足以下性质：

$$\sigma(-a)=1-\sigma(a) \tag{5.21}$$

$$\sigma'(a)=\sigma(a)\{1-\sigma(a)\} \tag{5.22}$$

使用 Logistic 函数可以定义从点(x,y)得到属性为$t=1$的数据的概率为：

$$P(x,y)=\sigma(w_0+w_1x+w_2y) \tag{5.23}$$

目的是求出该式中含有的参数(w_0,w_1,w_2)。则得到属性为$t=0$的数据的概率为$1-P(x,y)$。

以这个概率出发，计算作为训练集数据给定的数据$\{(x_n,y_n,t_n)\}_{n=1}^N$的概率。先思考一个数据$(x_n,y_n,t_n)$的情况，对于取得该数据的概率，综合$t_n=1$和$t_n=0$可表示为下式：

$$\begin{aligned}P_n&=P(x_n,y_n)^{t_n}\{1-P(x_n,y_n)\}^{1-t_n}\\&=z_n^{t_n}(1-z_n)^{1-t_n}\end{aligned} \tag{5.24}$$

上式中z_n的定义如下：

$$z_n=\sigma(\mathbf{w}^{\mathrm{T}}\boldsymbol{\phi}_n) \tag{5.25}$$

$\mathbf{w}$ 为由参数构成的向量，$\boldsymbol{\phi}_n$为训练集中对第 n 个数据的坐标添加对角项构成的向量。

$$\mathbf{w}=\begin{pmatrix}w_0\\w_1\\w_2\end{pmatrix} \tag{5.26}$$

$$\boldsymbol{\phi}_n=\begin{pmatrix}1\\x_n\\y_n\end{pmatrix} \tag{5.27}$$

得到训练集全部数据的概率 P 为得到各个数据的概率的乘积：

$$P=\prod_{n=1}^N P_n=\prod_{n=1}^N z_n^{t_n}(1-z_n)^{1-t_n} \tag{5.28}$$

参数 $\mathbf{w}$ 的函数 P 就是似然函数。目的是求出最大化的 $\mathbf{w}$，但这里为了简化计算过程，求出下式定义的误差函数$E(\mathbf{w})$的最小化 $\mathbf{w}$：

$$E(\mathbf{w})=-\ln P$$
$$=-\sum_{n=1}^{N}\{t_n\ln z_n+(1-t_n)\ln(1-z_n)\} \tag{5.29}$$

对数函数为单调递增函数，因此最大化似然函数 P 和最小化误差函数$E(\mathbf{w})$得出的是相同值。而且$E(\mathbf{w})$通过式（5.25）定义的 z_n 依赖于 $\mathbf{w}$。在$E(\mathbf{w})$满足梯度向量为 0 的条件下求出$E(\mathbf{w})$最小化的 $\mathbf{w}$。

$$\nabla E(\mathbf{w})=0 \tag{5.30}$$

这里使用拟牛顿法反复修正 $\mathbf{w}$，从而导出计算满足式（5.30）条件的 $\mathbf{w}$ 的算法。拟牛顿法是牛顿法的扩展，这里先简单复习一下牛顿法。

对于单变量函数$f(x)$，牛顿法计算满足$f(x)=0$的 x。如图 5-12 所示，以$x=x_0$时$y=f(x)$的切线为例，则切线方程式定义如下：

$$y=f'(x_0)(x-x_0)+f(x_0) \tag{5.31}$$

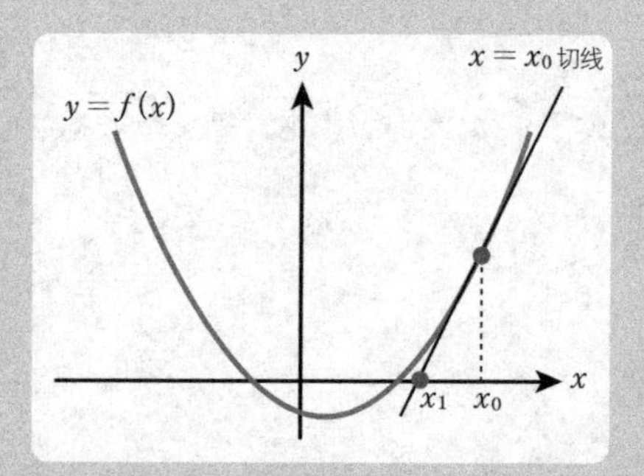

▲图 5-12 牛顿法的过程

这里用式（5.31）为 0 时的点$x=x_1$来替代$f(x)$：

$$f'(x_0)(x_1-x_0)+f(x_0)=0 \tag{5.32}$$

则该式可变形为如下形式：

$$x_1=x_0-\frac{f(x_0)}{f'(x_0)} \tag{5.33}$$

以适当的x_0为出发点，将式（5.33）中定义的x_1重新作为x_0代入式（5.33）。重复以上过程，即可求出满足$f(x)=0$的x。

我们可以认为该牛顿法对x_0到x_1的计算推导过程与式（5.31）类似，都是将非线性变换$x \to f(x)$转换为近似于x_0的线性变换，此时值为0的点可作为x_1的值。

将这种思路扩展到多函数的非线性变换就是拟牛顿法。本例中需要求出式（5.30）的解，通过设置

$$\mathbf{f}(\mathbf{w}) = \nabla E(\mathbf{w}) \tag{5.34}$$

以向量之间的非线性变换$\mathbf{w} \to \mathbf{f}(\mathbf{w})$进行思考。将这种非线性变换通过$\mathbf{w}_0$近邻法近似为线性变换，得到下式：

$$\mathbf{y} = \{\nabla \mathbf{f}(\mathbf{w}_0)\}^{\mathrm{T}}(\mathbf{w}-\mathbf{w}_0)+\mathbf{f}(\mathbf{w}_0) \tag{5.35}$$

将式（5.34）和式（5.35）作为代表元素，分别为如下形式：

$$f_m(\mathbf{w}) = \frac{\partial E(\mathbf{w})}{\partial w_m} \quad (m=0,1,2) \tag{5.36}$$

$$y_m = \sum_{m'=0}^{2} \frac{\partial f_m(\mathbf{w}_0)}{\partial w_{m'}}(w_{m'}-w_{0m'})+f_m(\mathbf{w}_0) \quad (m=0,1,2) \tag{5.37}$$

将式（5.36）代入式（5.37）可得下式：

$$y_m = \sum_{m'=0}^{2} \frac{\partial^2 E(\mathbf{w}_0)}{\partial w_{m'} \partial w_m}(w_{m'}-w_{0m'})+ \frac{\partial E(\mathbf{w}_0)}{\partial w_m} \tag{5.38}$$

上式中的第1项包含了2.3节中描述的Hessian矩阵。Hessian矩阵$\mathbf{H}$为由二阶偏微分系数构成的矩阵。

$$H_{mm'} = \frac{\partial^2 E}{\partial w_m \partial w_{m'}} \tag{5.39}$$

因此，使用Hessian矩阵可以再次改写为如下的矩阵形式：

$$\mathbf{y} = \mathbf{H}(\mathbf{w}_0)(\mathbf{w}-\mathbf{w}_0)+\nabla E(\mathbf{w}_0) \tag{5.40}$$

为了与牛顿法相匹配，这里设置上述线性变换等于 0 时的点为$\mathbf{w}_1$：

$$\mathbf{H}(\mathbf{w}_0)(\mathbf{w}_1-\mathbf{w}_0)+\nabla E(\mathbf{w}_0)=\mathbf{0} \tag{5.41}$$

则$\mathbf{w}_1$的定义如下：

$$\mathbf{w}_1=\mathbf{w}_0-\mathbf{H}^{-1}(\mathbf{w}_0)\nabla E(\mathbf{w}_0) \tag{5.42}$$

上面的变换式称为“更新的拟牛顿法”。与牛顿法一样，从任意的$\mathbf{w}_0$出发，用上式求出的$\mathbf{w}_1$作为新的$\mathbf{w}_0$代入并重新计算，重复该过程可以收敛到式（5.30）的解。

式（5.42）与误差函数$E(\mathbf{w})$的函数形式没有依赖关系，这里对于式（5.29）中的$E(\mathbf{w})$，具体计算的是梯度向量$\nabla E(\mathbf{w})$和 Hessian 矩阵。

式（5.29）的误差函数$E(\mathbf{w})$通过z_n依赖于 $\mathbf{w}$，因此需要事先计算出z_n的偏微分系数。通过式（5.25）中z_n的定义和 Logistic 函数的微分关系式（5.22），可计算得到如下关系式，其中$[\boldsymbol{\phi}_n]_m$表示向量$\boldsymbol{\phi}_n$的第 $\boldsymbol{m}$ 个组成元素。

$$\frac{\partial z_n}{\partial w_m}=\sigma'(\mathbf{w}^{\mathrm{T}}\boldsymbol{\phi}_n)\frac{\partial(\mathbf{w}^{\mathrm{T}}\boldsymbol{\phi}_n)}{\partial w_m}=z_n(1-z_n)[\boldsymbol{\phi}_n]_m \tag{5.43}$$

那么，根据式（5.29）和式（5.43）计算$\nabla E(\mathbf{w})$的元素如下：

$$\begin{aligned}\frac{\partial E(\mathbf{w})}{\partial w_m}&=-\sum_{n=1}^{N}\left(\frac{t_n}{z_n}-\frac{1-t_n}{1-z_n}\right)\frac{\partial z_n}{\partial w_m}\\&=-\sum_{n=1}^{N}\{t_n(1-z_n)-(1-t_n)z_n\}[\boldsymbol{\phi}_n]_m\\&=\sum_{n=1}^{N}(z_n-t_n)[\boldsymbol{\phi}_n]_m\end{aligned} \tag{5.44}$$

这里将$[\boldsymbol{\phi}_n]_m$作为由(n,m)构成的矩阵$\boldsymbol{\Phi}$，则式（5.44）可以表达为如下矩阵形式：

$$\nabla E(\mathbf{w})=\boldsymbol{\Phi}^{\mathrm{T}}(\mathbf{z}-\mathbf{t}) \tag{5.45}$$

这里的$\boldsymbol{\Phi}$和前面式（5.16）中定义的$\boldsymbol{\Phi}$是一样的：

$$\Phi = \begin{pmatrix} 1 & x_1 & y_1 \\ 1 & x_2 & y_2 \\ \vdots & \vdots & \vdots \\ 1 & x_N & y_N \end{pmatrix} \tag{5.46}$$

t 和 **z** 与前面式（5.15）和式（5.17）中定义的也是一样的：

$$\mathbf{t} = \begin{pmatrix} t_1 \\ \vdots \\ t_N \end{pmatrix} \tag{5.47}$$

$$\mathbf{z} = \begin{pmatrix} z_1 \\ \vdots \\ z_N \end{pmatrix} \tag{5.48}$$

接着对式（5.44）求偏微分，计算 Hessian 矩阵的元素：

$$\begin{aligned} H_{mm'} &= \frac{\partial^2 E}{\partial w_m \partial w'_m} \\ &= \frac{\partial}{\partial w_m}\sum_{n=1}^{N}(z_n - t_n)[\boldsymbol{\phi}_n]_{m'} = \sum_{n=1}^{N}\frac{\partial z_n}{\partial w_m}[\boldsymbol{\phi}_n]_{m'} \\ &= \sum_{n=1}^{N} z_n(1-z_n)[\boldsymbol{\phi}_n]_m[\boldsymbol{\phi}_n]_{m'} \end{aligned} \tag{5.49}$$

最后使用式（5.43）进行变形。最终得到式（5.49）的形式为由对角元素 $z_n(1-z_n)$构成的对角矩阵 **R** 居中，左右两边均为矩阵，三个矩阵相乘，即如下的 Hessian 矩阵：

$$\mathbf{H} = \mathbf{\Phi}^{\mathrm{T}}\mathbf{R}\mathbf{\Phi} \tag{5.50}$$

$$\mathbf{R} = \mathrm{diag}[z_1(1-z_1), \cdots, z_N(1-z_N)] \tag{5.51}$$

使用克罗内克函数改写的话，可以变形为式（5.49）的形式。克罗内克函数中的$\delta_{nn'}$符号表示当且仅当$n = n'$时值为 1。

$$\delta_{nn'} = \begin{cases} 1 \ (n = n') \\ 0 \ (n \neq n') \end{cases} \tag{5.52}$$

使用上式改写式（5.49）可得到式（5.53），其中$R_{nn'}=z_n(1-z_n)\delta_{nn'}$对应于对角矩阵 **R** 中的元素。

$$
\begin{aligned}
(5.49) &= \sum_{n=1}^{N}\sum_{n'=1}^{N} z_n(1-z_n)\delta_{nn'}[\boldsymbol{\phi}_n]_m[\boldsymbol{\phi}_{n'}]_{m'} \\
&= \sum_{n=1}^{N}\sum_{n'=1}^{N}[\boldsymbol{\phi}_n]_m R_{nn'}[\boldsymbol{\phi}_{n'}]_{m'}
\end{aligned}
\tag{5.53}
$$

将式（5.45）和式（5.50）代入式（5.42），最终可以得出如下关系式：

$$
\mathbf{w}_1=\mathbf{w}_0-(\boldsymbol{\Phi}^{\mathrm{T}}\mathbf{R}\boldsymbol{\Phi})^{-1}\boldsymbol{\Phi}^{\mathrm{T}}(\mathbf{z}-\mathbf{t}) \tag{5.54}
$$

这与（5.14）式描述的基于 IRLS 法的参数修正算法是完全一致的。

最后，根据式（5.49）可知 Hessian 矩阵 **H** 为正定值，因为对任何$\mathbf{u}\neq 0$都有下式成立：

$$
\mathbf{u}^{\mathrm{T}}\mathbf{H}\mathbf{u}=\sum_{n=1}^{N} z_n(1-z_n)(\boldsymbol{\phi}_n^{\mathrm{T}}\mathbf{u})^2>0 \tag{5.55}
$$

这里根据式（5.25）利用了z_n满足$0<z_n<1$的条件。正如 2.3 节所述，由于 Hessian 矩阵为正定值，可以在式（5.42）中取逆矩阵$\mathbf{H}^{-1}$，进而保证误差函数 E 为开口向上的函数。也就是说，满足式（5.30）的 **w** 唯一存在，且为误差函数的最小值。

5.1.3 节中的图 5-6 说明了数值计算的近似误差使得$z_n=1$或$z_n=0$，于是程序出现了错误。根据目前的讨论可知，其原因就是式（5.55）中$\mathbf{u}^{\mathrm{T}}\mathbf{H}\mathbf{u}=0$，使得逆矩阵$\mathbf{H}^{-1}$不存在。

第 6 章

K 均值算法：无监督学习模型的基础

第6章 K均值算法：无监督学习模型的基础

本章以无监督学习聚类分析（Cluster Analysis）为基础，详细介绍了 K 均值（K-means）算法。虽然该算法是对相似数据进行聚类的简单算法，但根据不同的分析对象，也可以应用在很多领域中。这里以图像文件的颜色数据聚类为例进行介绍。它也可以应用到其他方面，如文本数据的组合、文件的分类等。例如，在新闻类网站上，我们可以利用它对类似的新闻自动进行分类。

另外，作为参考，这里也介绍了与 K 均值算法相似的 K 近邻算法。它不是聚类分析，而是分类算法，是一种具有“懒惰学习”特性的算法。

6.1 基于 K 均值算法的聚类分析和应用实例

本节对 K 均值算法进行说明后，会以 1.3.3 节中的“例题 3”为具体应用实例展开深入讨论。虽然 K 均值算法很简单也很容易理解，但面对“为什么这样就可以呢”的疑问，很有必要用数学的方法进行说明。后文也会对这一点进行补充说明。

6.1.1 无监督学习模型类聚类分析

K 均值算法被称为无监督学习聚类分析方法。本书之前介绍的算法都属于监督学习。这里整理归纳了监督学习和无监督学习的不同点。

首先，在之前介绍的算法中，使用变量 t_n 代表训练数据集的值。如 2.1.1 节中介绍的，所谓“目标变量”就是针对新数据进行推算的对象。

1 2 3 4 5 6 7 8

换言之，之前的算法是通过分析已代入目标变量值的数据来推导出未知数据的目标变量值的测算规律的。

而在无监督学习中，分析对象数据中不包含目标变量。在基于 K 均值算法或者下一章介绍的 EM 算法的聚类分析中，不存在对给定数据进行明确分类的目标变量，因此必须寻找数据之间的相似性。

基于上述原因，必须要有某种方法能够事先设定好判断分类优劣的标准。本章介绍的 K 均值算法定义了被称为“平方变形”的值，它是从尽可能小的分类方法中找到的。对于最小二乘法，误差越小就越能确定参数，两种方法的思维方式是类似的。另外，下一章将介绍的 EM 算法会定义获得特定数据的概率，并将此概率最大化以对数据进行分类。我们认为它和最优推断法的思维方式是相同的。

到这里我们已经对回归分析、分类问题等不同目的的算法进行了说明，但从本质上来说，它们之间难道没有共通的思维方式吗？要想理解并熟练使用机器学习算法，就必须知道其原理。

6.1.2　基于 K 均值算法的聚类分析

下面对 K 均值算法，也就是“分类的步骤”进行说明。对于“为什么这样就可以呢”的疑问，我们将在 6.1.5 节中说明。

以图 6-1(a) 为例，将 (x, y) 平面上无数个点 $\{(x_n, y_n)\}_{n=1}^{N}$ 作为训练集。如前所述，训练集数据中没有包含目标变量 t_n，直觉上我会认为可以将这些数据划分为两类。

这里使用 K 均值算法将这些数据划分为两类[①]。使用 K 均值算法时需要注意一点，必须事先指定分类簇的数量。后面进行说明时，我们将

① 在聚类分析算法中，可以分类的各个集合被称为“簇”。

用向量表示(x, y)平面上的点。例如，用$\mathbf{x}_n=(x_n, y_n)^{\mathrm{T}}$表示训练集中含有的点。

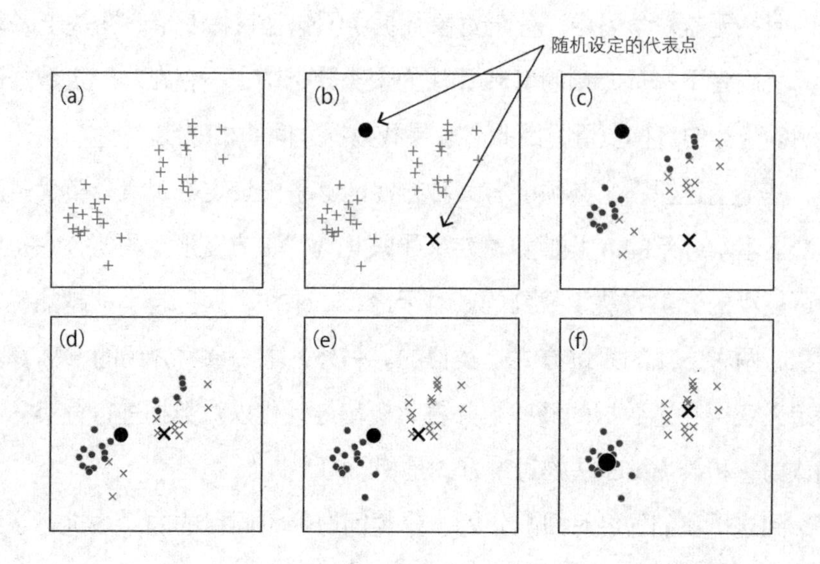

▲图 6-1　基于 K 均值算法的聚类分析例子

首先准备好各个簇的代表点。以划分出两个簇为例，如图 6-1(b) 所示，将(x, y)平面上合适的两点$\{\boldsymbol{\mu}_k\}_{k=1}^{2}$设定为代表点。接着，判断训练集中的各个点属于哪个代表点。此时需要计算各个点与代表点之间的距离$\|\mathbf{x}_n-\boldsymbol{\mu}_k\|$，与哪个代表点距离近就属于哪个代表点。如图 6-1(c) 所示，将训练集中的点划分为两个簇。这里定义的变量r_{nk}表示各点属于哪个代表点。

在聚类分析算法中，可以进行分类的集合称为“簇”。

$$r_{nk}=\begin{cases}1 & \mathbf{x}_n \text{ 属于第 } \boldsymbol{k} \text{ 号代表点} \\ 0 & \text{其他}\end{cases} \tag{6.1}$$

不过，这种分类依赖于最开始定义的代表点的处理方法，不一定是最恰当的分类。因此，我们要还原当前的簇，重新选取代表点。具体来说，就是将各个簇的重心点作为新的代表点。根据重心公式，计算如下：

$$\boldsymbol{\mu}_k = \frac{\sum \mathbf{x}_n}{N_k} \quad (k = 1, 2) \tag{6.2}$$

式（6.2）中的分母N_k是第 k 个代表点包含的点的数目，分子的求和符号Σ是第 k 个代表点包含的点的累加。使用之前定义的变量r_{nk}可以得到如下更智能的公式：

$$\boldsymbol{\mu}_k = \frac{\sum_{n=1}^{N} r_{nk} \mathbf{x}_n}{\sum_{n=1}^{N} r_{nk}} \tag{6.3}$$

图 6-1(d) 展示了重新定义的由各个簇的重心点构成的代表点。以新代表点为原点，再次判断训练集中的各点属于哪个代表点。跟之前一样，距离哪个代表点近就属于哪个代表点。如图 6-1(e) 所示，这样可以进行更恰当的分类。

接着反复执行同样的步骤，即计算图 6-1(e) 中各个簇的重心点，将其作为新的代表点，然后重新判断训练集中的各点属于哪个代表点。

变为图 6-1(f) 所示的状态之后，归入各个簇的点将不再发生变化。各个簇内的点不再发生变化，它们各自的重心点，也就是代表点，也不再发生上述变化。所有步骤到此结束，最后求得的代表点$\{\boldsymbol{\mu}_k\}_{k=1}^{2}$代表了各个簇。

另外，在图 6-1 所示的例子中，最终求得的代表点并没有依赖初始代表点采用的方式，必然会得到相同的结果。然而，这种情况并非总是成立的。在使用更复杂的训练集、分类为更多簇的情况下，根据初始代表点的处理方式不同，结果也可能会不一样。

将 K 均值算法应用到现实问题当中时，要通过变换初始代表点的处理方式反复进行计算，必须在寻找更合适的簇方面下功夫。这里要再次强调，数据科学是反复进行假设和验证的一种科学方法，并不是通过一次计算就肯定能得出正解。

6.1.3 在图像数据方面的应用

本节使用之前介绍过的 K 均值算法对 1.3.3 节中的“例题 3”进行说明。此处的问题是如何从图 6-2 所示的彩色图像文件中提取出指定数量的代表色。本书只能以黑白图片呈现，为了让读者获得更直观的体验，此处指定提取的图像文件代表色为红（花的颜色）、绿（叶子的颜色）、白（天空的颜色）。

▲图 6-2 彩色照片的图像文件

读者可能会联想图像文件和聚类分析之间有何关系，重点就在“代表色”这种说法。K 均值算法进行的是聚类分析，即对事物分组，而实际处理过程就是确定各个簇的代表点。因此，我们要将图像文件包含的各个像素点的颜色作为训练集数据，并运用 K 均值算法抽取出代表色

（而不是代表点）。

至于如何将各个像素点的颜色数据化，方法有好几种，其中最简单的就是用三个 RGB 值表示三维空间的点。例如，表 6-1 用 RGB 值表示各个 Web 服务商的打印色彩属性[①]。将这些值配置到从 RGB 值为坐标的三维空间中，即可得到如图 6-3 所示的图像。从该图可以看出各个打印色彩的相似性。根据三维空间中两点之间的距离即可判别其色彩的相似性。

▼表 6-1　各 Web 服务商的打印色彩属性

Web服务商	（R，G，B）
Twitter	（0，172，237）
facebook	（30，50，97）
Google	（66，133，244）
LINE	（90，230，40）
Instagram	（63，114，155）
Amazon	（255，153，0）
Dropbox	（0，126，229）
GitHub	（65，131，96）
YouTube	（205，32，31）

那么，作为实际处理对象的图像数据，究竟会变成什么样呢？逐一识别出如图 6-2 所示的图像文件中各个像素点的颜色，并配置在 RGB 三维空间中，即可得到如图 6-4 所示的结果[②]。虽然不是很明显，但的确可以认为三个代表色（红色的花、绿色的叶子、白色的天空）对应的数据集中在三个不同的地方。用与图 6-1 相同的方法选出这些数据的代表点，也就是代表色。

① BrandColors（http://brandcolors.net）。

② 显示所有像素点的话，看起来不是很清晰，此处实际上是以 1/100 的间隔显示的。

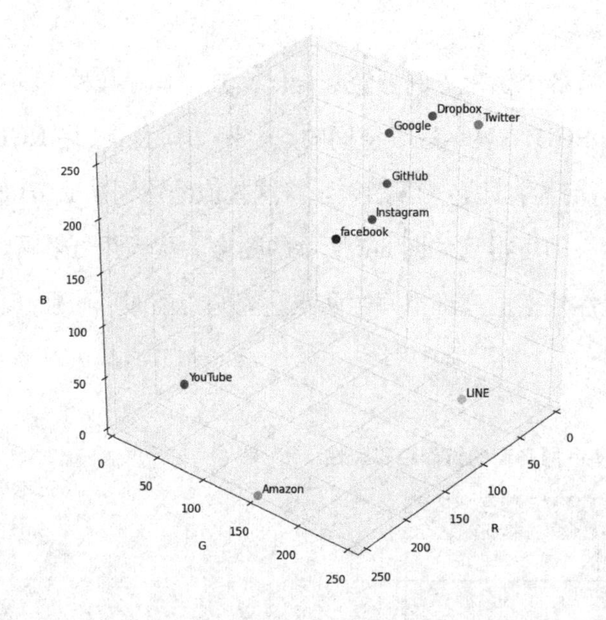

▲图 6-3　配置在 RGB 三维空间的各 Web 服务商打印色彩

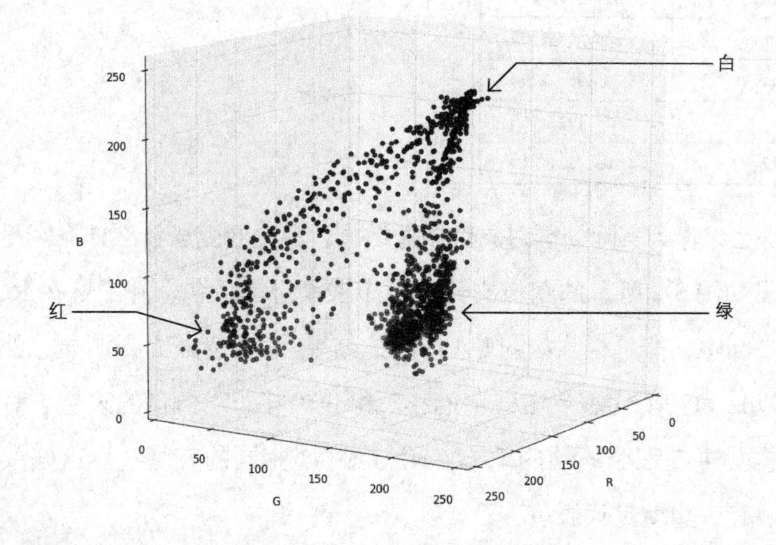

▲图 6-4　将图像文件中各个像素点配置到 RGB 三维空间

如前所述，K 均值算法可以任意指定分类簇的数量，即代表点的个数 K。当指定$K=3$时，可以得出如图 6-4 所示的三种代表色。当指定 K 为其他数值时，也可以提取出更多的代表色。

不过，本节例题不仅要提取代表色，还要用代表色替换图像文件中的各个像素点，进行图像褪色处理。对于各个像素点，将它们替换为所属簇的代表色，即图 6-4 所示空间中“最相近的代表色”来实现褪色处理。

6.1.4　示例代码的确认

使用示例代码 06-k_means.py，从图像文件提取代表色，然后将各个像素点替换为代表色，进行褪色处理。要处理的图像文件为示例代码文件夹中名为 photo.jpg 的文件。虽然本书已为读者准备好如图 6-2 所示的图像文件，但读者也可以用文件名相同的图像文件进行替换。示例代码的执行顺序如下。

```
$ ipython Enter
In [1]: cd ~/ml4se/scripts Enter
In [2]: %run 06-k_means.py Enter
```

示例代码中指定了 4 个不同的簇的数量，分别为K=2，3，5，16，然后进行聚类分析。运行示例代码，终端会显示如图 6-5 所示的输出。开头部分表示簇的个数和随机确定的初始代表点，然后根据 K 均值算法重新计算代表点，并表示出新的代表点。

与此同时显示的“Distortion: J”值表示分类的优劣程度，该值被称为“二乘形变”，6.1.5 节会对其进行详细说明。根据终端输出重新进行计算可知，该值会逐渐变小。值的变化程度（减小部分）小于 0.1% 时终止计算，将此时的代表点作为最终结论，然后对下一个 K 值的簇进行计算。

对于各个 K 值，使用代表色进行褪色处理的结果将以位图文件“outputXX.bmp”（XX 为 K 值）输出到相同文件夹中。图 6-6 就是实际得出的图像的例子。虽然各 K 值得到的结果很相似，但如先前所述，K 均值算法根据初始选择的代表点结果会有所不同。读者可以多次运行示例代码来确认结果到底发生了什么变化。

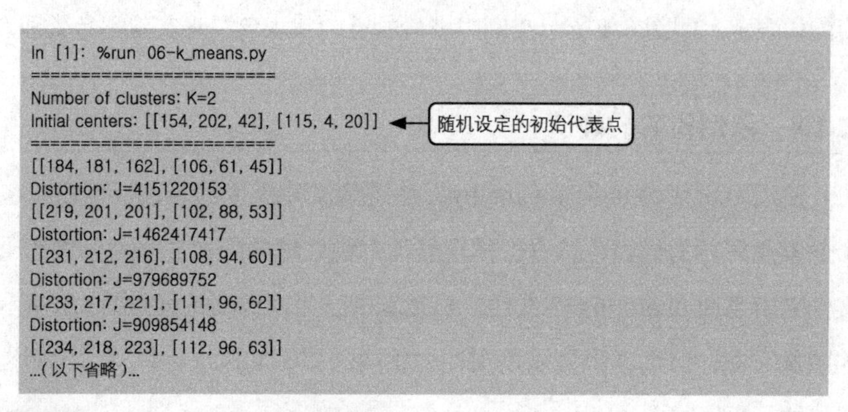

▲图 6-5 运行示例代码时的输出画面

▲图 6-6 实施褪色处理的结果

另外，该示例代码还可以在如图 6-7 所示的参数设置部分指定簇的数量 K。如果指定的值为多个，则按照顺序逐一处理。不过，K 的值越大，计算时间越长，最大可以指定 $K=32$。

```
# -------- #
# Parameters #
# -------- #
Colors = [2, 3, 5, 16]  #实施褪色处理后的颜色数量(可以任意指定)
```

▲图 6-7　06-k_means.py 的参数设置部分

6.1.5　K 均值算法的数学依据

在 6.1.1 节的开头部分我们就说过，K 均值算法从数学上来说就是计算指定簇对应的形变值，并找出形变尽可能小的簇的方法。

形变的定义有几种形式，前面的示例代码使用了下面被称为“二乘形变”的值。

$$J=\sum_{n=1}^{N}\sum_{k=1}^{K} r_{nk}\|\mathbf{x}_n-\boldsymbol{\mu}_k\|^2 \tag{6.4}$$

考虑r_{nk}的定义式（6.1），它表示各数据“与所属簇的代表点之间距离的二次方”的合计值。也就是说，减小 J 的值相当于对各个簇实施“将数据尽量集中到代表点附近”的分类方法。

这里根据 K 均值算法的计算过程减小该二乘形变的值，并证明其最终达到了极小值。

数学之家

这里用任意的特定次元向量集合$\{\mathbf{x}_n\}_{n=1}^N$表示给定的训练集数据。将它们分类为 K 个簇，则代表点为$\{\boldsymbol{\mu}_k\}_{k=1}^K$。在这个阶段是随机选择代表点。

接着确定训练集中各个数据属于哪个簇，在这个阶段仍然是随机确定。使用下面的符号表示各数据所属的簇：

$$r_{nk}=\begin{cases}1 & \mathbf{x}_n \text{ 属于第 k 个代表点的情况} \\ 0 & \text{其他情况}\end{cases} \tag{6.5}$$

然后使用这些符号，以下式定义当前分类状态的“二乘形变”：

$$J=\sum_{n=1}^{N}\sum_{k=1}^{K} r_{nk}\|\mathbf{x}_n-\boldsymbol{\mu}_k\|^2 \tag{6.6}$$

如前所述，它表示各个数据“与所属簇的代表点之间距离的二次方”的合计值。然后基于K均值算法过程修正r_{nk}和$\boldsymbol{\mu}_k$，使得J的值减小并最终达到极小值。

首先选出各个数据所属的簇。此时选择的簇是各个数据$\mathbf{x}_n$与代表点之间的距离$\|\mathbf{x}_n-\boldsymbol{\mu}_k\|$为最小时的簇。思考上面$J$的含义（“与所属簇的代表点之间距离的二次方”），该操作不会增大J的值。从式（6.6）来说，该操作以下面的条件为依据重新定义了r_{nk}的值[①]：

$$r_{nk}=\begin{cases}1 & k=\underset{k'}{\operatorname{argmin}}\|\mathbf{x}_n-\boldsymbol{\mu}_{k'}\| \text{的情况} \\ 0 & \text{其他情况}\end{cases} \tag{6.7}$$

现在各个数据的分类状态变为各个簇的代表点$\boldsymbol{\mu}_k$。此时式（6.6）满足最小条件时选择$\boldsymbol{\mu}_k$。式（6.6）中的$\boldsymbol{\mu}_k$为开口向下的二次函数，满足偏微分系数为 0 的条件可以实现最小化。

首先用J代表元素，可得到下式。符号$[\mathbf{x}_n]_i$表示向量$\mathbf{x}_n$的第 i 个元素。

$$J=\sum_{n=1}^{N}\sum_{k=1}^{K}\left\{r_{nk}\sum_{i}([\mathbf{x}_n]_i-[\boldsymbol{\mu}_k]_i)^2\right\} \tag{6.8}$$

① 符号$\underset{k'}{\operatorname{argmin}} f_{k'}$表示$f_{k'}$最小时的$k'$值。

于是，基于特定元素的偏微分系数如下：

$$\frac{\partial J}{\partial[\boldsymbol{\mu}_k]_i}=-2\sum_{n=1}^{N}r_{nk}([\mathbf{x}_n]_i-[\boldsymbol{\mu}_k]_i) \tag{6.9}$$

根据上式为 0 的条件可以确定如下的$[\boldsymbol{\mu}_k]_i$：

$$[\boldsymbol{\mu}_k]_i=\frac{\sum_{n=1}^{N}r_{nk}[\mathbf{x}_n]_i}{\sum_{n=1}^{N}r_{nk}} \tag{6.10}$$

从元素标记回到向量标记，则得出如下结果：

$$\boldsymbol{\mu}_k=\frac{\sum_{n=1}^{N}r_{nk}\mathbf{x}_n}{\sum_{n=1}^{N}r_{nk}} \tag{6.11}$$

于是各个簇的重心变为和式（6.3）中过程相同的新的代表点。因此，由式（6.3）的过程可知，J 不会增大。

综上可知，重复 K 均值算法操作必定会使 J 的值变小，或者达到不再变化的极小值。而由式（6.11）可知，各个簇的代表点依据数据的分类方法唯一确定，J 的值由数据的分类方法确定。因此，J 取值的个数是有限的，最多为“N 个数据分为 K 个组时的个数”。因此，J 的值不会无限持续减小，在有限次数的操作内一定会达到极小值。

对于 K 均值算法的过程，我们可以从数学上进行旁证。虽然上述过程已经说明了有限次数操作内二乘形变 J 一定会达到极小值，但要使值完全不变化还需要花费大量时间进行计算。因此，示例代码中定义，当 J 的减少部分小于 J 自身大小的 0.1% 时即终止计算。

而且，从上述证明过程可知，“数据$\mathbf{x}_n$和代表点$\boldsymbol{\mu}_k$之间的距离”发挥了重要作用。在确定各个数据所属簇时，要选择与代表点的距离最小的簇。或者说，在确定簇的代表点时应以“二乘形变”最小为条件，这个二乘形变被定义为“与所属簇的代表点之间距离的二次方”。

本节例题中训练集数据为三维空间的点$\mathbf{x}_n$，通常用绝对距离$\|\mathbf{x}_n-\boldsymbol{\mu}_k\|$进行计算。不过，使用除此之外的其他距离进行计算，也可以实施K均值算法。例如，本节开头部分介绍了通过文件数据分组对文档进行分类的例子，在这种情况下，我们就提出了“两个文件之间的距离”这种定义。

也就是说，通过某种方法计算文件的相似度，相似度越高则距离越短。对于文件之间的距离，经常使用的定义是通过文件中所含单词的出现频率进行判断的词频（Term Frequency，TF），或通过只在特定类型文件中出现的特定单词的出现频率进行判断的词频 - 逆向文件频率（Term Frequency-Inverse Document Frequency，TF-IDF）。

6.2 “懒惰”学习模型 K 近邻法

本节将介绍同样以数据之间的距离为基础对数据进行分类的K近邻法。不过，与基于无监督学习聚类分析的K均值算法不同，K近邻法是监督学习分类算法。本节在复习的同时也会对它们之间的不同点进行说明。

6.2.1 基于 K 近邻法的分类

K近邻法为监督学习，它会将目标变量t_n的值赋给训练集数据。这里可以用第 4 章和第 5 章中使用过的，与 1.3.2 节的“例题 2”相同的训练集$\{(x_n, y_n, t_n)\}_{n=1}^{N}$进行思考。

感知器和 Logistic 回归有两种类型的目标变量值，用(x, y)平面上的直线可以分类拥有这两种属性的数据。它们都以包含未知参数 $\mathbf{w}$ 的形式定义直线的方程式，然后用机器学习方法确定参数的值。

与之相反，K 近邻法不会使用这样的参数，也没有用机器学习方法确定参数。K 近邻法是在给定新数据(x, y)时，查看其周围的数据，从自身附近数据的目标变量值推断出该数据本身的目标变量。

最简单的例子就是推断出与最近数据属性相同，即具有目标变量值的数据。稍微常见的例子是从周围 K 个数据（从最近开始的 K 个数据）中找出并采用个数最多的目标变量值，即从周围 K 个数据中以“少数服从多数”的方式确定目标变量值。

看到实际的运行结果后，读者很快就能明白。图 6-8 展示了在(x, y)平面上随机生成的拥有两种属性值（●和 ×）的数据群，当 $K=1$ 和 $K=3$ 时，运用 K 近邻法的分类结果，图中用不同颜色表示平面上各点的分类情况。

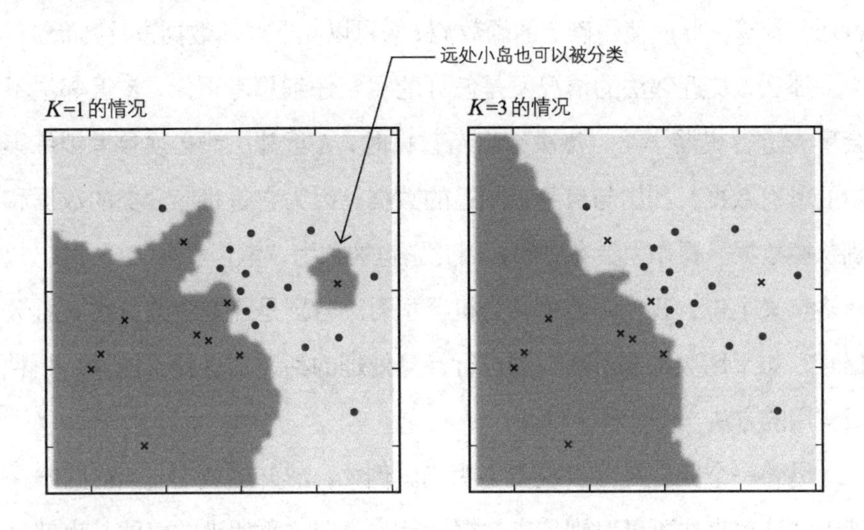

▲图 6-8　**基于 K 近邻法的分类结果**

$K=1$ 时，如图 6-8 所示，单独存在的数据周围也可以分类出远处的小岛。$K=3$ 时则是由三个数据进行判断，单个数据服从“少数服从多数”的原则，此时不能分类出小岛。

比较这两种情况，$K=1$ 时，K 近邻法对训练集数据进行了特化分类，发生了某种过度拟合现象。$K=3$ 时，K 近邻法不会受单个数据的影响，分类结果更自然平滑。

6.2.2 K 近邻法的问题

相比于前面介绍过的感知器和 Logistic 回归，K 近邻法可以被认为是一种以单一思路实现的简易算法。不过，K 近邻法也存在两个问题。

第一个问题是判断新数据的分类需要花费大量时间。感知器或 Logistic 回归中表示直线的函数 $f(x, y)$ 包含未知参数 $\mathbf{w}$，确定该参数必须使用训练集进行机器学习。当训练集包含的数据很多时，相应的计算时间也会很长。不过，只要完成机器学习并计算出参数 $\mathbf{w}$，就不会再进行任何计算，此后使用确定的函数 $f(x, y)$ 可以立即对新数据进行判断。

那么，K 近邻法的情况又是怎样的呢？仔细思考可知，K 近邻法不会事先进行机器学习。每次给定新数据时，K 近邻法都必须参考训练集中的所有数据，找出与自身最相近的数据。因为它是将应分类的数据和训练集数据一同作为参考对象，因此它也被称为“懒惰学习”。不过，从严格意义上说，我们不能称其为机器学习。特别是需要快速分类大量数据时，如果每次都要对新数据进行计算处理的话，那这就不能算是一种很实用的方法[①]。

另外一个问题是分析模型不明确。例如，感知器或 Logistic 回归是基于“使用直线可以对训练集数据进行分类”这种假设的算法。也就是说，分析对象数据背后的依据是“基于直线可以分类数据”，它是隐藏了某种机制在里面的。因此，我们只能通过数据科学来验证这种假设的正

---

① 对于训练集数据，通过事先生成检索用文件夹，也能得到可高速进行 K 近邻法分类处理的算法。

确性。本书最开始提出的“数据科学是一门科学”就是说，数据科学是以发掘数据背后隐藏的机制（定律）为目的而开展的活动。

而 *K* 近邻法没有这样的假设，它单纯以给定的数据事实为基础进行判断。当然，将 *K* 近邻法所得结果应用到商业中，也有可能获得有益的结果，但是我们无法说清楚“为什么它是可行的”。

虽然我们可以用“只要对商业有用就是好的”的方式考量，但如果不能找到充分的证据证明假设，将来可能就会面临相同方法行不通的情况。如果不能在充分理解原理的情况下探究行不通的原因，就无法对算法进行改进。

对于现实问题，只尝试一种算法是无法完美地将它解决的。我们需要建立不同假设并讨论各个假设行得通或行不通的理由。在此基础上，重点是搞清楚应用算法的前提条件，也就是要明确分析模型的过程。

以这样的分析为出发点才更容易理解其内在机制，也才能更好地利用 *K* 近邻法探究数据。例如，只要我们修改“数据之间距离”的定义并观察分类结果发生何种变化，那也可以将 *K* 近邻法作为发掘数据性质的方法。因此，我们不能完全否认 *K* 近邻法的利用价值。

EM 算法：基于最优推断法的监督学习

第7章 EM算法：基于最优推断法的监督学习

本章主要围绕无监督学习聚类分析，介绍利用最优推断法的 EM(最大期望）算法。本章以手写文字的分类问题为具体应用实例进行讲解，内容稍微有点复杂，因此分两个阶段进行说明。

第一阶段的方法是从仅仅由特定文字构成的手写文字样本群生成能够代表它们的“代表文字”。这里用到了在数学上称之为“伯努利分布”的概率分布，以最优推断法的形式进行实际应用。第二阶段的方法是对多种文字混合的手写文字样本群进行分类。此阶段的最优推断法使用了数学上的概念“混合伯努利分布”。进行这些处理时必须使用 EM 算法。

读者可能会感觉内容有点难，不过思路和前面介绍过的最优推断法是一样的。

7.1 使用伯努利分布的最优推断法

本章的例题为 1.3.4 节的“例题 4”。如图 7-1 所示，目标是对给定的大量手写数字图像数据进行分类，进阶目标是生成分类后手写数字的均值化代表文字。

我们稍后再介绍图像数据分类的内容，先介绍一下针对特定手写数字的图像数据群，如何生成其均值化代表文字。读者也可以将这种方法应用到合成多张人脸照片，生成均值化人脸照片上面。

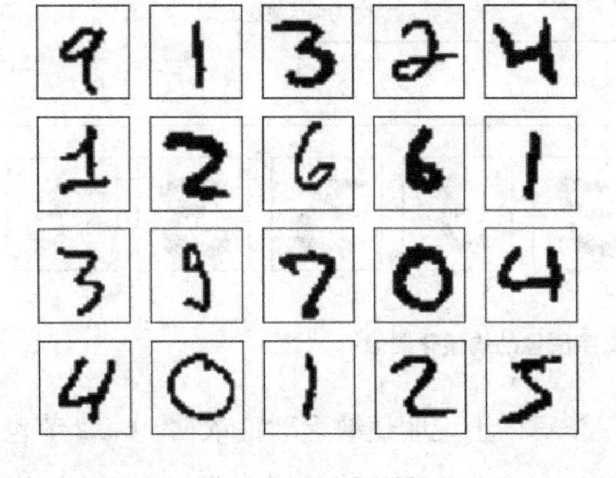

▲图 7-1 手写数字图像数据

7.1.1 手写文字的合成方法

合成多个图像数据有哪些方法呢？大部分人的第一反应是重叠所有图像求平均，具体操作如下。

首先纵横排列手写数字图像中包含的所有像素点，用数值 1 和 0 表示各像素点的颜色（黑或白）以构成向量。需要注意的是，这里给定的训练集图像文件是黑白二色阶的。第 n 个图像对应的向量为 $\mathbf{x}_n$。第 i 个元素 $[\mathbf{x}_n]_i$ 代表第 i 个像素的颜色。

另外，特定手写数字的图像数据个数为 N 时，用 $\boldsymbol{\mu}$ 表示它们的均值化向量：

$$\boldsymbol{\mu} = \frac{1}{N}\sum_{n=1}^{N}\mathbf{x}_n \tag{7.1}$$

$\boldsymbol{\mu}$ 的组成元素为 0 到 1 区间内的实数，表示像素的颜色深浅。图 7-2 展示的是该方法实际合成 100 张手写文字图像的结果。由此可知，我们能够得出与其相似的结果。

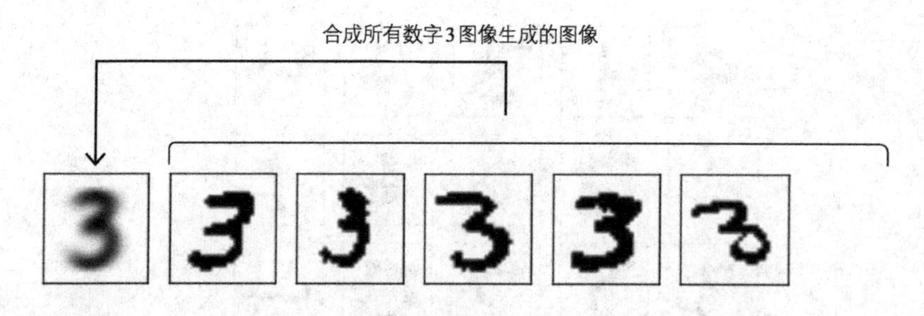

▲图 7-2 手写文字图像的均值化图像

但是，仅仅依靠以上说明还缺乏理论依据。6.2.2 节也提到过，运用机器学习知识时，我们需要构建能够说明“为什么这样行得通”的模型。

本节使用之前学过的最优推断法来构建这样的模型。结论虽然和式（7.1）的结果一样，但读者可以明白我们是基于什么样的原理得出式（7.1）的结论的，并且可以将其推广应用到下一节中更复杂的问题上去。

7.1.2 基于图像生成器的最优推断法应用

应用最优推断法时，不论采用什么方法都必须计算“得到训练集的概率”。我们需要先准备好随机生成手写数字的图像生成器。它生成的图像文件和图 7-2 所示的合成图像一样具有颜色深浅。之后，同样需要纵横排列各像素点，用 0 到 1 的实数表示各个像素点的颜色，构成向量 $\boldsymbol{\mu}$。

接下来对向量 $\boldsymbol{\mu}$ 各元素的值以“对应像素为黑的概率”的方式进行思考。也就是说，向量 $\boldsymbol{\mu}$ 第 i 个元素的值为μ_i，按照“概率μ_i对应第 i 个像素为黑色”的规则生成新的随机图像。重复以上操作，就能生成与该图像生成器类似的手写文字图像。将图 7-2 生成的均值化文字作为图像生成器，随机生成如图 7-3 所示的图像实例。

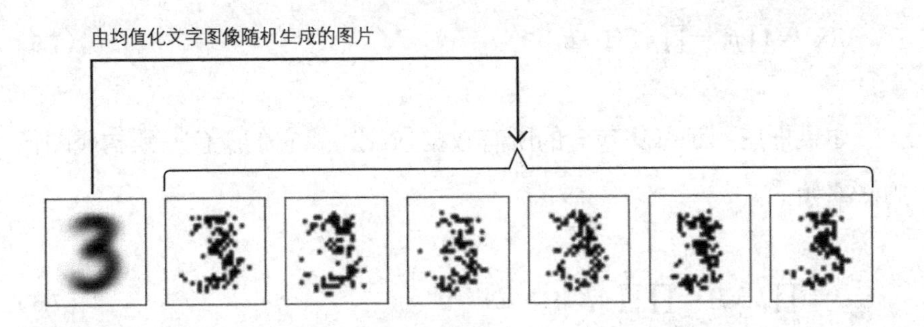

▲图 7-3 由图像生成器输出的图像实例

现有由 N 个特定手写数字图像数据构成的训练集，再使用图像生成器生成 N 张图像。请考虑一下“生成与训练集完全相同的数据群的概率”。直观考量的话，恐怕会认为这个概率相当低，不过还是能够计算出来的。如果能够找到概率最大化的图像生成器，还是有希望使训练集成为代表图像的。

现在，由向量 $\boldsymbol{\mu}$ 表示的图像生成器来实际计算生成训练集数据群的概率。首先，用 $\mathbf{x}$ 表示训练集包含的特定图像数据。向量 $\mathbf{x}$ 中第 i 个元素值 x_i 表示第 i 个像素的颜色（1 表示黑色，0 表示白色）。像素点的总数为 D。关注其中第 i 个像素的情况，得到该像素颜色的概率 p_i。

$$x_i = 1\text{时：} p_i = \mu_i \tag{7.2}$$

$$x_i = 0\text{ 时：} p_i = 1 - \mu_i \tag{7.3}$$

可将上面两个公式综合为以下形式。这就与 5.1.1 节说明过的 Logistic 回归中的式（5.6）是一样的方法。

$$p_i = \mu_i^{x_i}(1-\mu_i)^{1-x_i} \tag{7.4}$$

因此，所有像素为相同颜色的概率可表示为：

$$p(\mathbf{x})=\prod_{i=1}^{D}p_i=\prod_{i=1}^{D}\mu_i^{x_i}(1-\mu_i)^{1-x_i} \tag{7.5}$$

如果推广到训练集包含的所有数据$\{\mathbf{x}_n\}_{n=1}^{N}$，它们颜色一致构成图像的概率如下：

$$P=\prod_{n=1}^{N}p(\mathbf{x}_n)=\prod_{n=1}^{N}\prod_{i=1}^{D}\mu_i^{[\mathbf{x}_n]_i}(1-\mu_i)^{1-[\mathbf{x}_n]_i} \tag{7.6}$$

这就是基于该模型的似然函数。然后，计算出最大化的 $\boldsymbol{\mu}$，即可得出式（7.1）。也就是说，式（7.1）为似然函数式（7.6）最大时对应的图像生成器。

数学之家

实际来求一下式（7.6）最大化时的 $\boldsymbol{\mu}$。为了简化计算，由式（7.6）计算对数似然函数$\ln P$，当它最大化时即可求出 $\boldsymbol{\mu}$。与之前描述过的一样，似然函数最大化和对数似然函数最大化得出的值相同。

首先，对数似然函数表示如下：

$$\ln P=\sum_{n=1}^{N}\sum_{i=1}^{D}\{[\mathbf{x}_n]_i\ln\mu_i+(1-[\mathbf{x}_n]_i)\ln(1-\mu_i)\} \tag{7.7}$$

对μ_i计算偏微分可得下式：

$$\frac{\partial(\ln P)}{\partial\mu_i}=\sum_{n=1}^{N}\left(\frac{[\mathbf{x}_n]_i}{\mu_i}-\frac{1-[\mathbf{x}_n]_i}{1-\mu_i}\right) \tag{7.8}$$

由式（7.8）为 0 的条件确定μ_i的形式如下：

$$\mu_i=\frac{1}{N}\sum_{n=1}^{N}[\mathbf{x}_n]_i \tag{7.9}$$

上式完全与式（7.1）的元素表示符号对应。

顺便说一下，先前计算过程中表示“获得某像素点颜色的概率”的式（7.4），与 Logistic 回归中表示获得属性为t_n的数据的概率的式（5.6）很相似。式（7.4）或式（5.6）代表的概率分布在数学上都称为伯努利分布。就像掷硬币得到正反面的概率一样，其表述的现象只存在两种结果值。因此，用数学语言描述的话，上述模型为“基于伯努利分布的最优推断法”。

7.2 使用混合分布的最优推断法

上一节主要讨论了针对特定手写数字图像的数据群生成其均值化代表文字的方法。本节主要介绍在多个数字混杂的情况下，将手写数字图像数据按照文字种类进行分类的方法。与上一节一样，最优推断法也适用于这个问题。

7.2.1 基于混合分布的概率计算

这里的训练集为包含 K 种类型数字的手写数字图像。与之前一样，先准备好图像生成器，思考获得和训练集相同图像的概率。不过，这里必须准备各个数字对应的图像生成器，用$\{\boldsymbol{\mu}_k\}_{k=1}^K$表示全部 K 个图像生成器。

此时，由特定图像生成器$\boldsymbol{\mu}_k$获得图像 $\mathbf{x}$ 的概率与式（7.5）一样，表示为如下形式：

$$p_{\boldsymbol{\mu}_k}(\mathbf{x})=\prod_{i=1}^{D}[\boldsymbol{\mu}_k]_i^{x_i}(1-[\boldsymbol{\mu}_k]_i)^{1-x_i} \tag{7.10}$$

上式表示的概率随着不同的图像生成器而变化，这里也把概率的概念引入图像生成器的选择。也就是说，执行的操作过程为：随机选择某个图像生成器来生成新的图像。那么，选择第 k 个图像生成器的概率为π_k。$\{\pi_k\}_{k=1}^K$满足以下条件：

$$\sum_{k=1}^{K} \pi_k = 1 \tag{7.11}$$

通过这样的操作，得到特定图像 $\mathbf{x}$ 的概率便可以表示为下式：

$$p(\mathbf{x}) = \sum_{k=1}^{K} \pi_k p_{\boldsymbol{\mu}_k}(\mathbf{x}) \tag{7.12}$$

“选中图像生成器$\boldsymbol{\mu}_k$，获得图像 $\mathbf{x}$ 的概率”事件对应的概率为 $\pi_k p_{\boldsymbol{\mu}_k}(\mathbf{x})$，综合 k 种情况的概率就是上面的式（7.12）。

最后，根据训练集包含的数据个数为 N，重复 N 次上述操作。这样生成的 N 张图像与训练集数据一致的概率表示为下式：

$$P = \prod_{n=1}^{N} p(\mathbf{x}_n) = \prod_{n=1}^{N} \sum_{k=1}^{K} \pi_k p_{\boldsymbol{\mu}_k}(\mathbf{x}_n) \tag{7.13}$$

上面的式（7.13）就是这个模型的似然函数。把似然函数包含的参数加入表示各个图像生成器的向量$\{\boldsymbol{\mu}_k\}_{k=1}^{K}$中，即可得出选择各个图像生成器的概率$\{\pi_k\}_{k=1}^{K}$。

通过确定该似然函数最大化时的参数，即可对训练集的图像数据进行分类。这里还没有向读者解释清楚为什么这样做就可以分类图像数据了，让我们先思考一下关于确定这类参数的方法。

之前已经计算出获得特定图像 $\mathbf{x}$ 的概率为式（7.12），它是特定图像生成器的概率 $p_{\boldsymbol{\mu}_k}(\mathbf{x})$与多个图像生成器混合而成的形式。各个图像生成器的概率满足伯努利分布，在数学上称之为“混合伯努利分布”。

7.2.2 EM 算法的过程

虽然需要先确定似然函数式（7.13）最大化时的参数，但实际上计算并非这么简单。上一节在计算似然函数式（7.6）时，将求积运算 Π 变换为求和运算 Σ，从而简单计算出偏微分系数。但这里的式（7.13）混合

了求积运算 Π 和求和运算 Σ，即使变换为对数似然函数也无法推进计算。

而本章介绍的 EM 算法就是为了求出这种形式的似然函数的最大化参数。有趣的是，该过程和前一章介绍的 K 均值算法类似。这里省略了具体证明，只列出下面的过程说明作为结论。我们会对比 K 均值算法的过程进行说明。

首先准备适当的 K 个图像生成器$\{\boldsymbol{\mu}_k\}_{k=1}^K$。这和 K 均值算法中设置适当的代表点$\{\pi_k\}_{k=1}^K$是一样的。同时，对于选择各图像生成器的概率，在满足式（7.11）的条件下设置适当的值。

回忆一下式（7.12）中的结论，在执行“随机选择某个图像生成器（遵循概率$\{\pi_k\}_{k=1}^K$）生成新的图像”操作时，得到图像$\mathbf{x}_n$的概率为下式：

$$p(\mathbf{x}_n)=\sum_{k=1}^K \pi_k p_{\boldsymbol{\mu}_k}(\mathbf{x}_n) \tag{7.14}$$

上式表示所有 k 个“选择第 k 个图像生成器生成$\mathbf{x}_n$的概率”$\pi_k p_{\boldsymbol{\mu}_k}(\mathbf{x}_n)$的合计形式。请注意，无论选择哪个图像生成器都有可能生成与$\mathbf{x}_n$一样的图像。那么，对于特定的第 k 个图像生成器产生图像$\mathbf{x}_n$的可能性，其概率可表示为下式：

$$\gamma_{nk}=\frac{\pi_k p_{\boldsymbol{\mu}_k}(\mathbf{x}_n)}{\sum_{k'=1}^K \pi_{k'} p_{\boldsymbol{\mu}_{k'}}(\mathbf{x}_n)} \tag{7.15}$$

这就和 K 均值算法中确定训练集数据$\mathbf{x}_n$所属代表点的操作是一样的。K 均值算法根据各点与自身所属代表点最近距离的条件，设置了表示各点所属代表点的变量r_{nk}。上式中的γ_{nk}相当于这个变量。在本节中，$\mathbf{x}_n$并非只属于某个图像生成器，我们可以认为它代表图像属于各个图像生成器的概率γ_{nk}。

以这种形式确定图像属于各个图像生成器的概率后，基于该概率生成新的图像生成器$\{\boldsymbol{\mu}_k\}_{k=1}^K$。重新计算出选择各个图像生成器的概率$\{\pi_k\}_{k=1}^K$，具体根据下式重新设置：

$$\boldsymbol{\mu}_k=\frac{\sum_{n=1}^{N}\gamma_{nk}\mathbf{x}_n}{\sum_{n=1}^{N}\gamma_{nk}} \tag{7.16}$$

$$\pi_k=\frac{\sum_{n=1}^{N}\gamma_{nk}}{N} \tag{7.17}$$

这相当于K均值算法中将新的代表点作为各个簇的重心点的操作。需要特别注意的是，式（7.16）和K均值算法的式（6.3）的形式完全一样。

换句话说，式（7.16）是在基于一种类型文字生成代表文字的式（7.1）的基础上，扩展到K种类型文字的混合版。因为式（7.16）是基于“属于第k个图像生成器的概率”，合成计算训练集比例包含的各个图像$\mathbf{x}_n$。同理，式（7.17）也是根据选择各个图像生成器的概率和“属于各个图像生成器的图像数量”之间的比例，重新设置值。

至此，EM算法的过程就结束了。后面会使用由式（7.16）和式（7.17）计算出的$\{\boldsymbol{\mu}_k\}_{k=1}^K$和$\{\pi_k\}_{k=1}^K$，再次由式（7.15）计算$\gamma_{nk}$，并且还会多次重复式（7.16）和式（7.17）的计算过程。这种反复计算可以增大式（7.13）中的似然函数的值，最终证明其可以达到极大值。

这里用“极大值”的说法替代“最大值”，是因为根据初始准备的$\{\boldsymbol{\mu}_k\}_{k=1}^K$和$\{\pi_k\}_{k=1}^K$的不同，结果可能会发生变化。这也和$K$均值算法的性质相同。

7.2.3 示例代码的确认

使用示例代码 07-mix_em.py 实际运行 EM 算法。这里采用实际的手写数字图像，通过反复执行式（7.15）~ 式（7.17）的过程来确认各个图像生成器的变化情况。

在存放示例代码的同一个文件夹中准备好手写数字样本图像数据文件 train-images.txt 和 train-labels.txt。其中有数字 0~9 的手写数字图像共60 000张，这些文件包含了各实际图像数据和各图像所示数字的标签。

但是，涵盖所有数字进行计算必然会消耗大量时间，这里选择“0”“3”“6”三种数字，并取出总共 600 个数据使用。按照下面的顺序运行脚本 07-prep_data.py，可以生成文件 sample-images.txt 和 sample-labels.txt。

```
$ ipython [Enter]
In [1]: cd ~/ml4se/scripts [Enter]
In [2]: %run 07-prep_data.py [Enter]
```

这两个文件包含了提取图像所对应的标签。测试文件每行都含有一个数据。另外，将作为参考的原始文字 10 变换为 ASCII 码形式的图形，并生成文件 samples.txt。在编辑器下打开该文件，显示图 7-4 所示的图形。07-prep_data.py 也可以在如图 7-5 所示的开头的参数设置部分指定提取图像数量和提取对象数字的种类。

对于事先准备好的训练集图像数据，接下来用 EM 算法实际运行一下。按照下面的步骤执行示例代码 07-mix_em.py。

```
$ ipython [Enter]
In [1]: cd ~/ml4se/scripts [Enter]
In [2]: %run 07-mix_em.py [Enter]
```

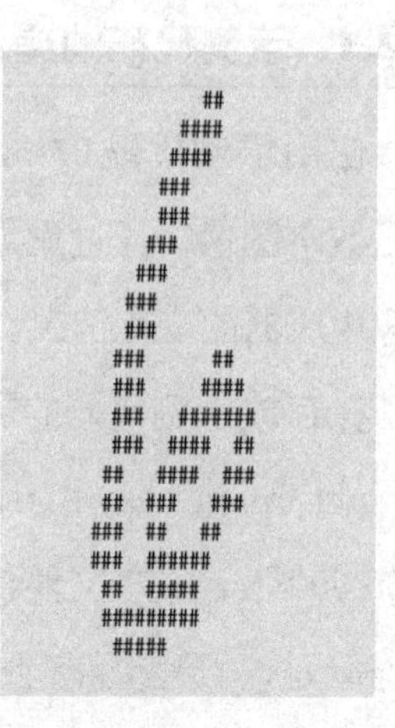

▲图 7-4 提取出的手写数字样本

```
# -------- #
# Parameters #
# -------- #
Num = 600          # 提取图像数量
Chars = '[036]'    #提取对象数字种类（可指定为任意个数）
```

▲图 7-5 07-prep_data.py 的参数设置部分

示例代码读取文件 sample-images.txt，将手写数字图像数据作为训练集使用。这里没有使用表示各图像所示数字的标签文件 sample-labels.txt 进行处理。因为 EM 算法是无监督学习算法，它可以在无需知道各图像为何种数字的状态下进行分类处理。

运行示例代码可以顺序得出如图 7-6 所示的图像，最后可追加表示为如图 7-7 所示的图像。图 7-6 左边马赛克状的图像为随机生成的三个图像生成器。代表概率的向量μ_k各元素的值是转化为颜色浓淡表示出来的。最后，EM 算法过程也会显示出图像生成器更新后的情况。经过 10 次更新后，示例代码会终止计算。

图 7-7 表示以 EM 算法得出的图像生成器为基础，对训练集所含图

像数据的分类结果。使用式（7.15）可以计算出特定图像$\mathbf{x}_n$属于各个图像生成器的概率，概率最大则归类到该图像生成器。图7-7左边表示使用EM算法得出的图像生成器按照右边所示的各图像生成器群组进行分类，并使用一部分分类后的图像数据作为示例样本。

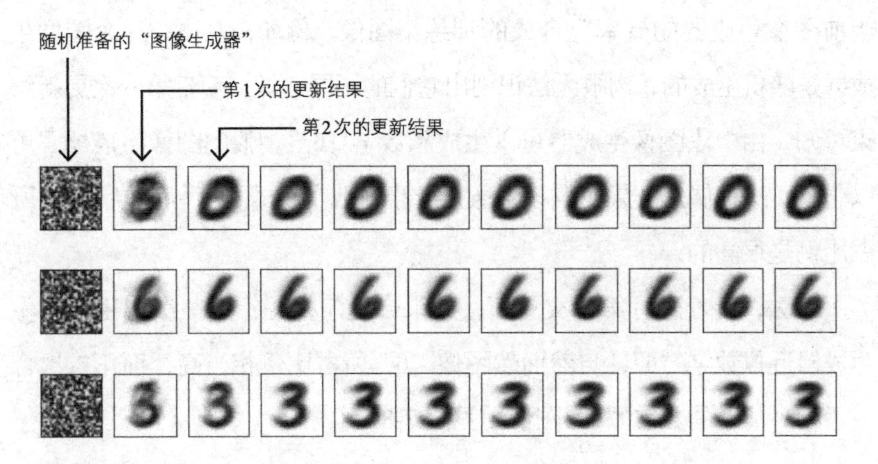

▲图7-6 图像生成器的更新变化过程

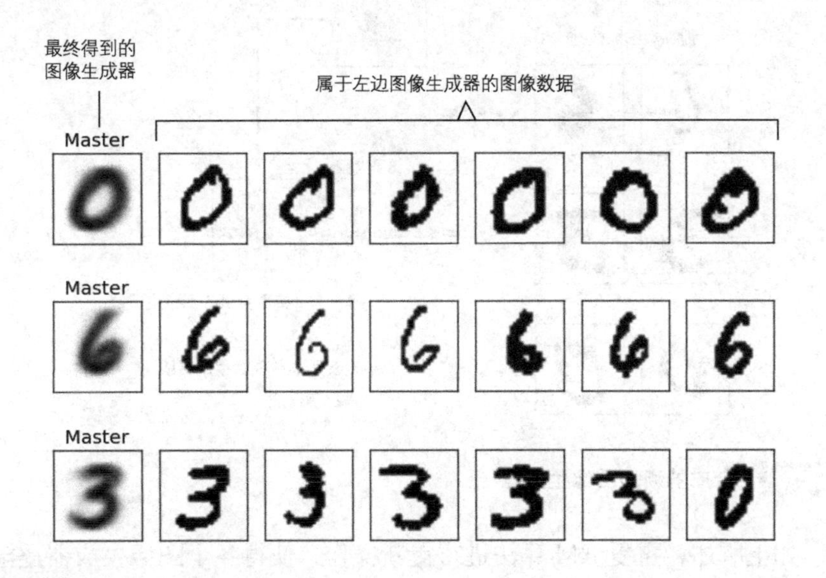

▲图7-7 手写文字图像的分类结果

EM 算法根据初始准备的图像生成器不同，结果也不同，每次运行示例代码都会得到不同的输出结果。这里以图 7-6 和图 7-7 为典型示例进行思考。我们先根据图 7-6 所示的结果思考 EM 算法做了哪些事情。

首先，式（7.16）为合成新的图像生成器的过程，它是基于“属于当前图像生成器的概率”合成的训练集图像。例如，左边的三个图像生成器是随机生成的，肉眼无法识别出它们的不同之处，观察第一次更新结果可知，由中段图像生成器可以生成和数字“6”相似的图像生成器。可以想象，这种偶然结果使得该图像生成器中数字“6”的手写数字图像所占比例是很高的。

那么，接着进行第二次更新，结果会是怎样呢？第一次得出的图像生成器近似数字“6”，自然而然图像“6”所占比例相当高，而第二次合成了相对清晰的数字“6”图像（见图 7-8）。

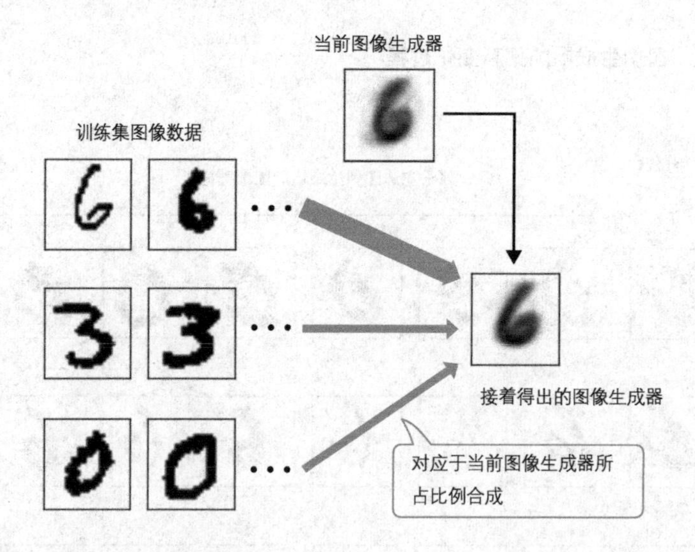

▲图 7-8　合成的新的图像生成器

如上所述，重复 EM 算法进行更新操作，使得各个图像生成器逐渐合成接近某个特定数字的图形。无论是图像生成器还是无限接近的数字，都由初始随机生成的内容确定。总而言之，EM 算法以最终得到的图像生成器为依据，按照数字种类对训练集所含图像数据进行分类。

7.2.4 基于聚类分析的探索性数据解析

结合前面示例代码的运行结果和图 7-7 可知，不可能将所有图像数据都正确分类。图 7-7 右下的“0”就被错误地分类到了组别“3”中。为什么会出现这样的错误呢？前面讲过，图 7-7 所示的分类是基于式（7.15）开展的，也就是由各个图像生成器计算获得对应图像数据的概率，并将图像数据分类到概率最大的组别中。也就是说，图 7-7 左上方的图像生成器对右下“0”的判断结果是从左下图像生成器得到的概率最高。

将焦点集中到数字的形状上就容易理解了。右下的“0”为纵向细长形状，左上的“0”近似正圆形。而左下的“3”整体呈细长形状，可以联想到由它生成图像的概率很高。实际上，仔细观察左下的“3”，可以看出它稍微有点纵长型“0”的影子。

换言之，可以认为手写文字“0”分为纵长型和近似正圆型两种类型。这里使用 4 种类型的图像生成器进行实验。示例代码 07-mix_em.py 开头的参数设置部分可以指定簇的个数（分类个数）和重复计算的次数，如图 7-9 所示。这里设置 $K=4$，再次运行代码。

```
# --------- #
# Parameters #
# --------- #
K = 3    # 分类数字个数
N = 10  # 重复次数
```

▲图 7-9 07-mix_em.py 的参数设置部分

图 7-10 显示了运行结果，这一次很好地分离了前面叙述的两种类型的“0”。这也印证了确实存在两种类型的手写文字“0”这种假设。

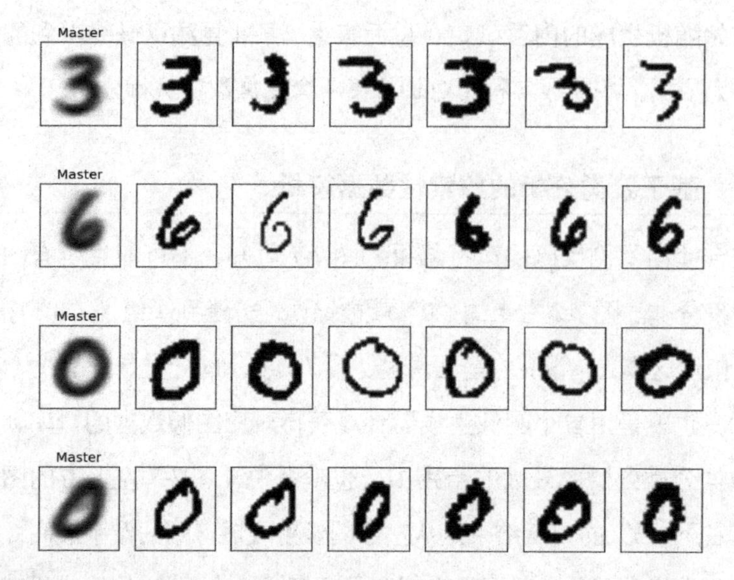

▲图 7-10 分离两种类型“0”的运行结果

不过需要注意，EM 算法并不是每次都会得到相同的结果。例如，图 7-11 就显示了不同的执行结果，此时分离出了两种分别向左右倾斜的“3”，右边的斜体“3”混合了纵长型的“0”。

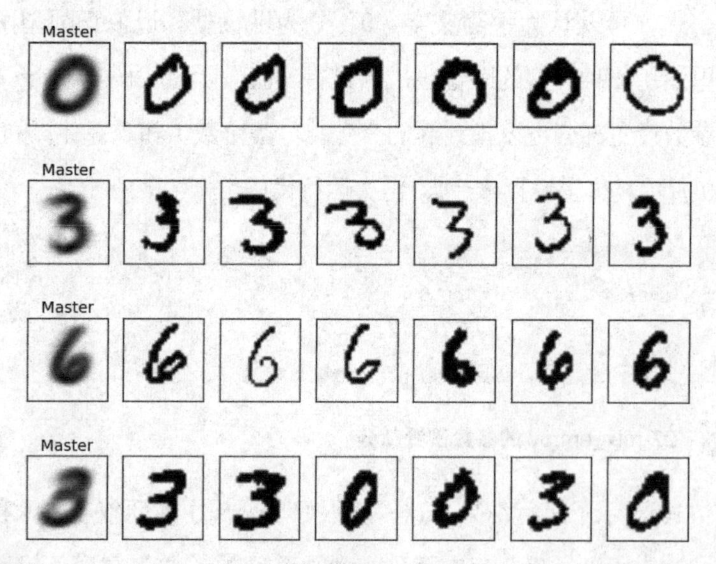

▲图 7-11 分离两种类型“3”的运行结果

像这样在使用聚类分析时修改簇的数量并多次运行代码，就能探索出训练集的特征。这也是无监督学习的特征，也就是为了评价得出的结果而不存在目标变量。

使用者可以从主观上对聚类分析得到的结果进行判断。例如，对于图7-10所示的结果，认为“客观上已经证明了存在两种类型‘0’”是不太合适的。如果修改簇的数量并限定到分析对象训练集的话，无论是何种假设，都有可能得出能够印证其正确性的结果。

如果不能理解这一点，那么对于特定条件下得到的聚类分析结果，就可能无法完全接受它的正确性并充分利用。运用机器学习算法时很重要的一点是在充分理解各个理论的背景和特性的基础上进行灵活运用。

7.3 附录：手写文字数据的采集方法

本章使用的手写文字数据为网上提供的公开数据“MNIST database”[①]。按照下面的步骤可以从网上下载并生成示例代码文件夹中的文件（train-images.txt 和 train-labels.txt）。

```
# curl -LO 'http://yann.lecun.com/exdb/mnist/train-images-idx3-ubyte.gz' Enter
# curl -LO 'http://yann.lecun.com/exdb/mnist/train-labels-idx1-ubyte.gz' Enter
# gzip -d *gz Enter
# od -An -v -tu1 -j16 -w784 train-images-idx3-ubyte \ Enter
  | sed 's/^ *//' | tr -s ' ' >train-images.txt Enter
# od -An -v -tu1 -j8 -w1 train-labels-idx1-ubyte \ Enter
  | tr -d ' ' >train-labels.txt Enter
```

① “THE MNIST DATABASE of handwritten digits”（http://yann.lecun.com/exdb/mnist/）

贝叶斯推断：以数据为基础提高置信度的手法

第8章 贝叶斯推断：以数据为基础提高置信度的手法

本章主要介绍贝叶斯推断在回归分析方面的应用方法。前面7章以回归分析为出发点构建起了各种类型的算法，接下来继续以“参数模型的三个步骤”为指导方针进行介绍：

（1）设置包含参数的模型（数学公式）；

（2）设定评价参数的标准；

（3）确定获得最优评价的参数。

对于第二步的参数评价基准，目前大致有两种方法：一种方法是定义误差并在误差最小时确定参数，另一种方法是定义“得到训练集概率”的似然函数，在似然函数最大化时确定参数（最优推断法）。

本章介绍的贝叶斯推断是与之前的方法完全不同的新的参数评价方法。该方法的独特之处在于它会对参数本身定义“取得各个参数值的概率”。本章将以贝叶斯推断的原理出发，对贝叶斯推断基础部分的贝叶斯定理及其在回归分析方面的应用进行说明。

8.1 贝叶斯推断模型和贝叶斯定理

之前几章是把第3章的最优推断法作为基于概率的机器学习模型进行应用的。在这里我们可以认为贝叶斯推断也同样是基于概率的模型，是最优推断法的某种扩展。下面对最优推断法和贝叶斯推断的不同点以及贝叶斯推断基础部分的贝叶斯定理进行介绍，并且以3.2节为基础，将贝叶斯推断应用到推断正态分布的均值和方差上[①]。

8.1.1 贝叶斯推断的思路

最优推断法和贝叶斯推断的最大不同点在于贝叶斯推断“以概率方式预测参数 w 的值”。回忆一下最优推断法的过程，我们首先需要准备表示取得数据概率 $P(x)$ 的表达式。该式包含未知参数 w，而目的就是确定这个 w 的值。然后根据之前的概率 $P(x)$ 计算“获得作为训练集给定的数据的概率”，当满足最大条件时即可确定 w 的值。

而贝叶斯推断法不能唯一确定参数 w 的值，参数 w 可以取各种各样的值，此时计算出的是取得这些值的概率，以图形方式展示出来的话如图 8-1 所示。最优推断法只判断出唯一值，而贝叶斯推断则以概率形式给出解答。

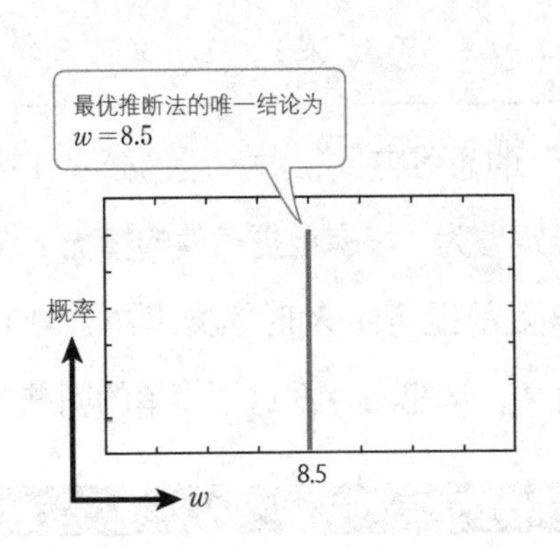

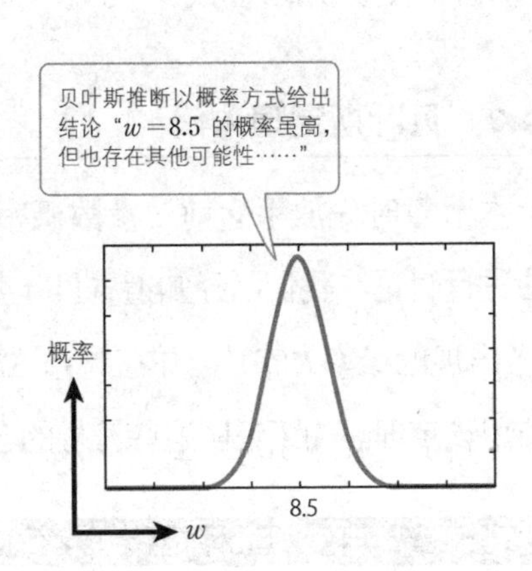

▲图 8-1 最优推断法和贝叶斯推断的不同点

使用给定的训练集数据进行“概率更新”处理。首先，进行机器学习之前完全无法预测出参数 w 的值为多少，如图 8-2 所示的“学习前”

① 为了简化计算，正确做法应该是把方差作为初始已知，只推断均值。

一样，所有的值的概率都相同。另外，以给定的训练集数据实施机器学习，则可以得到更新的概率，如图 8-2 所示的“学习后”一样。

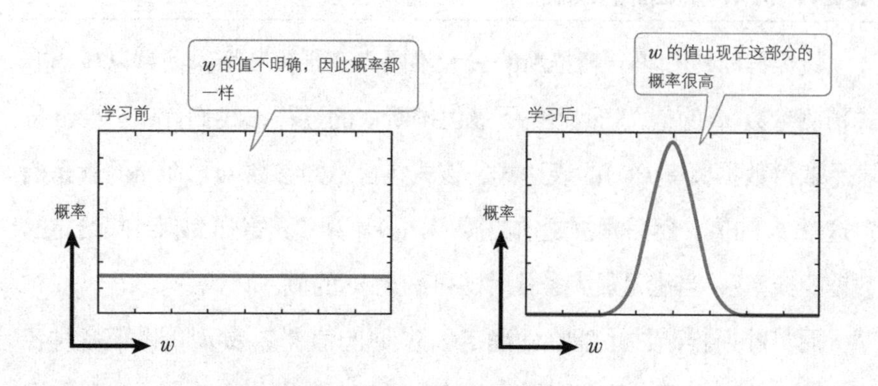

▲图 8-2 **使用训练集更新概率**

以上内容只用于参数 w 的概率更新，下面开始介绍贝叶斯定理。

8.1.2 贝叶斯定理入门

本节暂时先放下之前“参数概率”的思维方式，对一般的概率计算方法进行讨论。我们已经知道，贝叶斯定理为“没有前提条件的情况下事物 Y 出现的概率 $P(Y)$”，并在计算“满足前提条件 X 时的概率 $P(Y \mid X)$”时使用该定理。为了说明这些符号的含义，请思考下面这个简单的问题。

问题

有玩具可以随机发射出一个球。按照如图 8-3 所示的方式将不同大小的黑白的球装入玩具中：

（1）计算发射出“黑色”球的概率；

（2）当已知发射“大体积”球时，计算发射出“黑色”球的概率；

（3）计算发射出“大体积黑球”的概率。

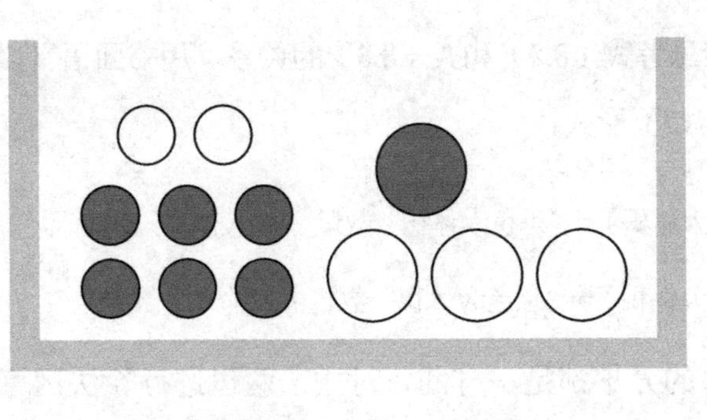

▲图 8-3 随机发射小球玩具的概率

首先，总共有 12 个球，其中黑色的有 7 个，因此问题（1）的答案如下：

$$P(\text{黑色}) = \frac{7}{12} \tag{8.1}$$

接着，总共有 4 个大体积球，其中有 1 个是黑色的，因此问题（2）的答案如下：

$$P(\text{黑色} \mid \text{大体积}) = \frac{1}{4} \tag{8.2}$$

计算概率时通常以“对象事物 Y 出现的次数 ÷ 总发生次数”的方式进行计算，附加某种前提条件 X 后可以限制“总发生次数”。像这样以条件 X 限制总发生次数时，则将事物 Y 出现的概率称为“条件概率”，用符号$P(Y \mid X)$表示。

对于问题（3），需要注意的是，这里并不是计算条件概率。全部 12 个球中，只有 1 个“大体积”的“黑色”球，因此问题（3）的答案如下。我们将这样的概率称为“同时发生的概率”。

$$P(\text{黑色}, \text{大体积}) = \frac{1}{12} \tag{8.3}$$

再进一步思考式（8.2）和式（8.3）的关系。用书面语言描述式（8.2）和式（8.3）为如下形式：

$$P(\text{黑色}\mid\text{大体积})=\text{“黑色大体积”数量}\div\text{“大体积”数量} \tag{8.4}$$

$$P(\text{黑色},\text{大体积})=\text{“黑色大体积”数量}\div\text{“全体”数量} \tag{8.5}$$

两式右边的分子都是一样的，对式子两边进行除法运算约掉分子，使下式成立：

$$\frac{P(\text{黑色}\mid\text{大体积})}{P(\text{黑色},\text{大体积})}=\text{“大体积”数量}\div\text{“全体”数量}=P(\text{大体积}) \tag{8.6}$$

将分母移到右边，变为如下形式：

$$P(\text{黑色},\text{大体积})=P(\text{黑色}\mid\text{大体积})P(\text{大体积}) \tag{8.7}$$

按照相同思路可知如下关系式成立。将“黑色”和“大体积”相互替换后进行一样的计算。

$$P(\text{黑色},\text{大体积})=P(\text{大体积}\mid\text{黑色})P(\text{黑色}) \tag{8.8}$$

推广到一般情况，有下式成立：

$$P(X,Y)=P(X\mid Y)P(Y)=P(Y\mid X)P(X) \tag{8.9}$$

将式（8.9）第二个等式变形为如下形式即可得出“贝叶斯定理”：

$$P(Y\mid X)=\frac{P(X\mid Y)}{P(X)}P(Y) \tag{8.10}$$

后面再对这个关系式的作用进行说明，这里还要介绍另外一个公式。回到前面的例子，假设有如下关系式成立：

$$P(\text{黑色},\text{大体积})+P(\text{黑色},\text{小体积})=P(\text{黑色}) \tag{8.11}$$

通过具体计算或者书面语言表达都很容易理解该式。将下面关系式的两边都除以“全体数量”可以得出上述关系式：

“黑色大体积”数量 + “黑色小体积”数量 = “黑色”数量 （8.12）

通常表示为如下形式。使用求和符号 Σ 表示所有情况下 Y 的合计[①]。

$$P(X)=\sum_{Y}P(X,Y) \tag{8.13}$$

再利用式（8.9）可以得到下式：

$$P(X)=\sum_{Y}P(X\mid Y)P(Y) \tag{8.14}$$

我们将式（8.13）和式（8.14）称为“全概率公式”。最后将式（8.14）代入贝叶斯定理式（8.10）的分母，即可得到下式：

$$P(Y\mid X)=\frac{P(X\mid Y)}{\sum_{Y'}P(X\mid Y')P(Y')}P(Y) \tag{8.15}$$

由式（8.15）右边可知包含“基于 Y 的 X 的概率 $P(X\mid Y)$”，而左边相反，包含的是“基于 X 的 Y 的概率 $P(Y\mid X)$”。像这样替换条件和结果之间的关系进行计算是贝叶斯定理的特征。

现在，再考虑下面这个问题。

问题

A 先生怀疑自己感染了幽门螺杆菌，于是去做幽门螺杆菌检查。一般来说，与 A 先生同辈的人群的幽门螺杆菌感染概率为 1%。幽门螺杆菌的检测精度为 95%。也就是说，感染人群中正确检测出“阳性反应”的概率为 95%，而未感染人群中正确检测出“阴性反应”的概率也为

① Y 必须要不重复地涵盖所有情况。

95%。

A 先生的检查结果为“阳性反应”。不过，检查结果有可能是错的。那么，A 先生真的感染了幽门螺杆菌的概率到底是多少呢？

这里突然提出“幽门螺杆菌”可能会使读者有点儿摸不着头脑，不过幽门螺杆菌并不是关键问题，请读者不要在意。这里的关键点在于，定义 Y 为“是否感染幽门螺杆菌”、X 为“检查结果”时，充分理解“$Y \Rightarrow X$”的关系。以检查精度为 95% 为例，有如下几个关系式成立：

$$P(\text{阳性反应} \mid \text{感染})=0.95 \tag{8.16}$$

$$P(\text{阴性反应} \mid \text{感染})=0.05 \tag{8.17}$$

$$P(\text{阴性反应} \mid \text{非感染})=0.95 \tag{8.18}$$

$$P(\text{阳性反应} \mid \text{非感染})=0.95 \tag{8.19}$$

因为目的是获得 A 先生感染幽门螺杆菌的概率，那么作为一般性的讨论，在此假设接受检查前感染的概率为 1%：

$$P(\text{感染})=0.01 \tag{8.20}$$

$$P(\text{非感染})=0.99 \tag{8.21}$$

不过，现在的检查结果为“阳性反应”，而期望获得的信息为 P 值 (感染 | 阳性反应)。这就是 X（检查结果）和 Y（是否感染）之间存在的“$X \Rightarrow Y$”关系。那么，使用贝叶斯定理式（8.15）就可以推翻之前 X 和 Y 的关系，重新计算。具体计算过程如下：

$$P(\text{感染} \mid \text{阳性反应}) = \frac{(\mathrm{P}(\text{阳性反应} \mid \text{感染}))}{(\mathrm{P}(\text{阳性反应} \mid \text{感染})\mathrm{P}(\text{感染})+\mathrm{P}(\text{阳性反应} \mid \text{非感染})\mathrm{P}(\text{非感染}))}\mathrm{P}(\text{感染}) \tag{8.22}$$

式（8.22）右边把表达式（8.16）、式（8.19）、式（8.20）、式（8.21）都包含进来了，代入进行计算，结果为式（8.23）。可知，A 先生感染幽门螺杆菌的概率为 16%。

$$P(\text{感染} \mid \text{阳性反应}) = \frac{0.95}{0.95 \times 0.01 + 0.05 \times 0.99} \times 0.01 \approx 0.16 \tag{8.23}$$

这里给人的感觉是：精度为 95% 的检查结果为“阳性反应”，而感染的概率却很低。我们可以通过 5.2.1 节中为了把握真阳性率 / 假阳性率而用到的图 5-8 来理解。

本节的情况如图 8-4 所示。接受检查前完全不清楚 A 先生的情况属于图 8-4 的哪个部分，因此“阳性”（感染）的概率占全体阳性部分的比例为 1%。另外，当知道检查结果为“阳性反应”时，A 先生的情况可以归于“真阳性”（TP）或“假阳性”（FP）其中之一。此时，可以使用下面的式子计算出结果为阳性的概率：

真阳性 ÷（真阳性 + “假阳性）（8.24）

由图 8-4 可知，最开始“阴性”（未感染）的比例高达 99%，与“真阳性”相比，“假阳性”的比例很高，因此通过式（8.24）计算得出的概率在此基础上降低了 16%。

像上面这个例子这样，通过给定前置条件限制考量范围，即可使概率值发生变化。利用这种性质修正概率值的思维方式就是贝叶斯定理的基础。这里的“概率”也可以替换为“置信度”，也就是说，从未知状态出发，通过不断补充新发现的事实来提高置信度。

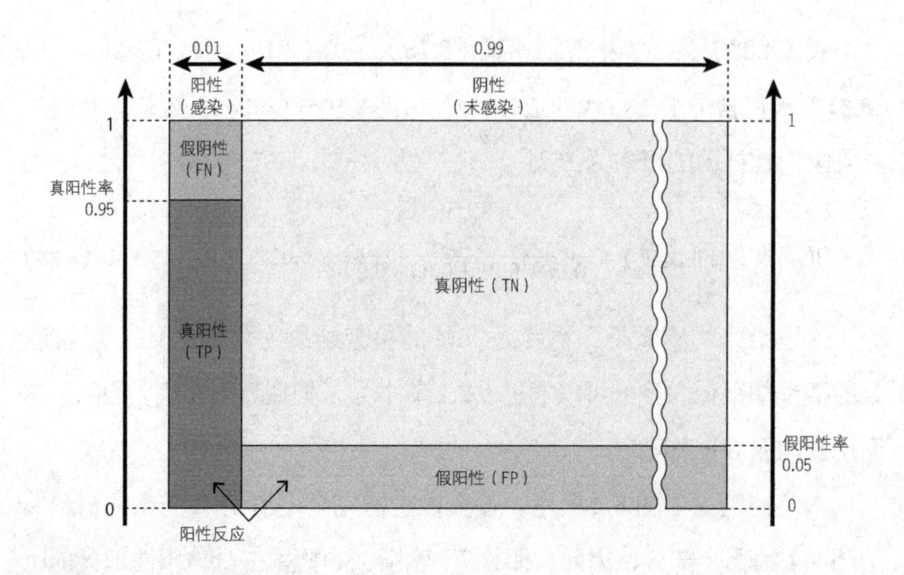

▲图 8-4 真阳性率和假阳性率的关系

8.1.3 使用贝叶斯推断确定正态分布：推断参数

本节将贝叶斯推断应用到 3.2 节处理过的推断正态分布的均值和方差的问题上。当时我们将“使用贝叶斯定理更新概率”的操作过程应用到了参数 w 的概率上。在这里，为了简化运算，将方差σ^2的值作为已知，只推断均值 μ①。也就是说，均值 μ 相当于期望推断出的参数 w。

首先，存在某个均值未知的正态分布，由该正态分布得出的 N 个观测值$\{t_n\}_{n=1}^N$作为训练集。用 $\mathbf{t}$ 表示训练集中的所有数据。假设已知均值 μ，则通过下式可以计算得到某个特定t_n的概率：

$$\mathcal{N}(t_n \mid \mu, \sigma^2) = \frac{1}{\sqrt{2\pi\sigma^2}} \mathrm{e}^{-\frac{1}{2\sigma^2}(t_n-\mu)^2} \tag{8.25}$$

① 对于需要同时推断计算均值和方差的情况，在 8.3 节中有补充说明。

那么，观测到训练集 t 全部数据的概率如下式所示：

$$P(\mathbf{t}\mid\mu)=\mathcal{N}(t_1\mid\mu,\sigma^2)\times\cdots\times\mathcal{N}(t_N\mid\mu,\sigma^2)$$
$$=\prod_{n=1}^{N}\mathcal{N}(t_n\mid\mu,\sigma^2) \tag{8.26}$$

需要注意的是，表达式$P(\mathbf{t}\mid\mu)$为 8.1.2 节已经介绍过的条件概率。因为μ的取值有各种可能性，所以这里的思路是以“已知某个特定值”为前提考虑概率。这与前面的例子中将“已知取出的球为大体积”作为前提计算“球为黑色的概率”P（黑色 | 大体积）是一样的道理。

那么，将条件概率套用到贝叶斯定理式（8.15）可以得到如下关系式：

$$P(\mu\mid\mathbf{t})=\frac{P(\mathbf{t}\mid\mu)}{\int_{-\infty}^{\infty}P(\mathbf{t}\mid\mu')P(\mu')\mathrm{d}\mu'}P(\mu) \tag{8.27}$$

式（8.15）的分母中的求和符号 Σ 表示各种情况 Y 的合计。其中μ为连续变化的参数，因此用积分替代和。

不过，式（8.27）到底是计算什么的呢？我们可以认为该式是以观测数据 **t** 为基础，将参数μ的概率从$P(\mu)$更新为$P(\mu\mid\mathbf{t})$。在取得观测数据前完全不清楚参数μ的值为多少，概率$P(\mu)$和图 8-2 中的“学习前”一样是整型数据。

但是，对于连续变量μ，在数学上是不能将其完全定义为整型常量的。因此，我们暂时假设均值为μ_0、方差为σ_0^2的正态分布如下：

$$P(\mu)=\mathcal{N}(\mu\mid\mu_0,\sigma_0^2) \tag{8.28}$$

它是以$\mu=\mu_0$为中心、散布在$\pm\sigma_0$范围内的概率，计算最后取极限值

$\sigma_0 \to \infty$，这样就和使用整型概率是一样的了。图 8-5 表示当σ_0的值逐渐增大时，式（8.28）所对应图像的变化情况。

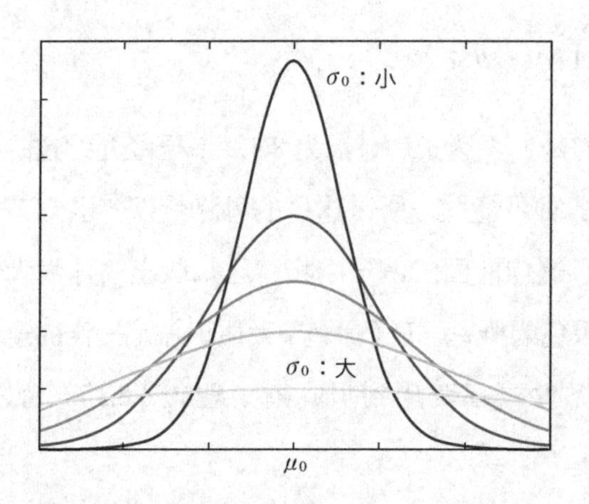

▲图 8-5　σ_0的值增大时相应概率的变化情况

将式（8.26）和式（8.28）代入式（8.27）可以计算出$P(\mu \mid \mathbf{t})$。它表示在已知"观测到训练集 $\mathbf{t}$"情况下 μ 的概率。就像图 8-2 所示的"学习后"一样，以观测事实为基础可以得出最相近的概率。

对于关系式（8.27），分别将$P(\mu)$和$P(\mu \mid \mathbf{t})$称为"先验分布"和"后验分布"，各自代表观测训练集之前和之后的概率。下面通过式（8.27）进行计算。

数学之家

需要注意，在计算式（8.27）时，右边的分母是不依赖于 μ 的常量值。用符号 Z 表示：

$$Z = \int_{-\infty}^{\infty} P(\mathbf{t} \mid \mu')P(\mu')\mathrm{d}\mu' \tag{8.29}$$

书写为下面的形式可知，Z 就是概率 $P(\mu \mid \mathbf{t})$ 的正态化常量。

$$P(\mu \mid \mathbf{t}) = \frac{1}{Z} P(\mathbf{t} \mid \mu) P(\mu) \tag{8.30}$$

正态化常量的含义为“满足全概率为 1 条件下的常量”。这里不需要关注 Z 的具体值，只要计算出分子的 $P(\mathbf{t} \mid \mu)P(\mu)$，就能知道式（8.30）的概率分布情况。

首先使用式（8.26）和式（8.28）按照如下方式计算式（8.30）：

$$P(\mu \mid \mathbf{t}) = \frac{1}{Z} \prod_{n=1}^{N} \mathcal{N}(t_n \mid \mu, \sigma^2) \times \mathcal{N}(\mu \mid \mu_0, \sigma_0^2) \tag{8.31}$$

像这样多个正态分布相乘得出的还是正态分布。实际计算过程如下。为了简化计算，使用如下符号：

$$\beta = \frac{1}{\sigma^2} \tag{8.32}$$

$$\beta_0 = \frac{1}{\sigma_0^2} \tag{8.33}$$

首先把正态分布的概率密度代入式（8.31）得到下式。这里的 Const 表示不依赖于 μ 的常量。

$$P(\mu \mid \mathbf{t}) = \mathrm{Const} \times \exp\left\{ -\frac{\beta}{2} \sum_{n=1}^{N} (t_n - \mu)^2 - \frac{\beta_0}{2} (\mu - \mu_0)^2 \right\} \tag{8.34}$$

式（8.34）中的指数函数含有关于 μ 的二次函数，接下来可以进行如下变形。这里的 Const 仍然表示不依赖于 μ 的常量。

$$\begin{aligned} & -\frac{\beta}{2} \sum_{n=1}^{N} (t_n - \mu)^2 - \frac{\beta_0}{2} (\mu - \mu_0)^2 \\ &= -\frac{1}{2} (N\beta + \beta_0) \mu^2 + \left(\beta \sum_{n=1}^{N} t_n + \beta_0 \mu_0 \right) \mu + \mathrm{Const} \\ &= -\frac{N\beta + \beta_0}{2} \left(\mu - \frac{\beta \sum_{n=1}^{N} t_n + \beta_0 \mu_0}{N\beta + \beta_0} \right)^2 + \mathrm{Const} \end{aligned} \tag{8.35}$$

第一眼看上去感觉是很复杂的公式，而使用下面定义的符号表示则可以将其简化：

$$\beta_N = N\beta + \beta_0 \tag{8.36}$$

$$\mu_N = \frac{\beta \sum_{n=1}^{N} t_n + \beta_0 \mu_0}{N\beta + \beta_0} \tag{8.37}$$

将式（8.35）、式（8.36）、式（8.37）代入式（8.34）即可得到下式：

$$P(\mu \mid \mathbf{t}) = \text{Const} \times \exp\left\{ -\frac{\beta_N}{2}(\mu - \mu_N)^2 \right\} \tag{8.38}$$

这就是均值为μ_N、方差为β_N^{-1}的正态分布。根据正态分布的概率密度表达式可以自动确定常量 Const 的值。

综上可知，最终求出$P(\mu \mid \mathbf{t})$的结果是均值为μ_N、方差为β_N^{-1}的正态分布：

$$P(\mu \mid \mathbf{t}) = \mathcal{N}(\mu \mid \mu_N, \beta_N^{-1}) \tag{8.39}$$

然后导入下面的符号：

$$\beta = \frac{1}{\sigma^2} \tag{8.40}$$

$$\beta = \frac{1}{\sigma^2} \tag{8.41}$$

$$\beta_N = N\beta + \beta_0 \tag{8.42}$$

$$\mu_N = \frac{\beta \sum_{n=1}^{N} t_n + \beta_0 \mu_0}{N\beta + \beta_0} \tag{8.43}$$

图 8-2 以开口向下的钟形图表示“学习后”的分布情况，这里得出的概率与之完全相同。特别是钟形图的顶点，即概率达到最高时的 μ 就是式（8.43）的μ_N。我们可以通过图 8-6 重新表示出均值 μ 的后验分布$P(\mu \mid \mathbf{t})$。

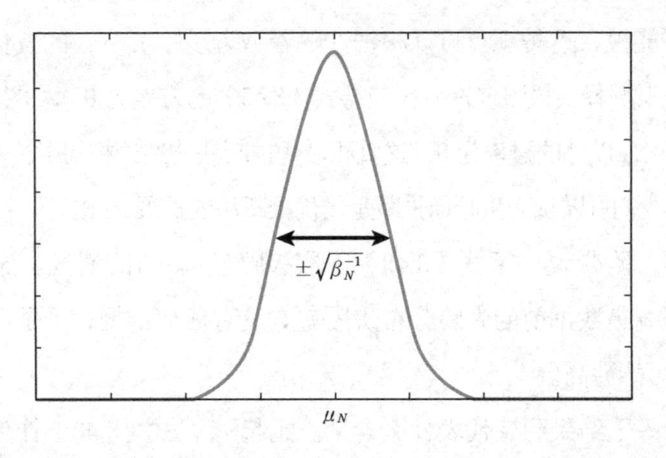

▲图 8-6 均值 μ 的后验分布 $P(\mu|\mathbf{t})$

之前说过，在设置式（8.28）的先验分布时，最后取极限值$\sigma_0\to\infty$。由式（8.41）可知，$\sigma_0\to\infty$的极限与$\beta_0\to 0$的极限相对应。用式（8.43）求该极限的话，可以得到下式：

$$\mu_N=\frac{1}{N}\sum_{n=1}^{N}t_n \tag{8.44}$$

这就是训练集所含数据的样本均值$\overline{\mu}_N$，和 3.2.1 节利用最优推断法计算出的结果式（3.31）一致。

不过，此处的结论是“μ 的值为$\overline{\mu}_N$的可能性最高”，并不能排除其他可能性。对于图 8-6 中开口向下钟形图的宽度，回忆一下式（8.42）方差β_N^{-1}的计算过程。式（8.42）取极限值$\beta_0\to 0$，则得到下式：

$$\beta_N^{-1}=\frac{1}{N\beta} \tag{8.45}$$

由此可知，训练集数据个数 N 越大，方差越小，图 8-6 中开口向下钟形图的宽度越窄。

当观测数据个数 N 很少时，不再确定$\mu=\mu_N$，而是认为 μ 存在各种各样的可能性，这种观点可以根据“随着 N 增大，$\mu=\mu_N$ 的置信度也相应增大”来解释。极限值 $N\to\infty$ 使得式（8.45）的方差为 0，如图 8-1 左边所示，$\mu=\mu_N$ 以外的概率为 0，这就和最优推断法的结论相同了。基于这样的理解，我们可以认为贝叶斯推断是最优推断法的扩展。

最后，附带说一下式（8.43）不取极限值 $\beta_0\to 0$ 的情况。这相当于在观测训练集数据前的先验分布阶段完全没有任何依据，于是可以认为 $\mu=\mu_0$ 的可能性高。

考虑一下结果到底代表什么含义。比起 $\overline{\mu}_N$，式（8.43）计算得出的 $\overline{\mu}_N$ 值更接近 μ_0。将式（8.43）改写为以下形式可知，μ_N 为“将 $\overline{\mu}_N$ 和 μ_0 按 $N\beta:\beta_0$ 比例得出的均值”。

$$\mu_N=\frac{N\beta\overline{\mu}_N+\beta_0\mu_0}{N\beta+\beta_0} \tag{8.46}$$

观测数据个数 N 足够大的话，μ_N 不会受先验分布的影响，与 $\overline{\mu}_N$ 保持一致。换言之，如果能够充分获取训练集数据，适当设置下先验分布也不影响结果。8.3 节会说到，在现实问题中，大家熟知的函数形式为后验分布式（8.30），也会对先验分布 $P(\mu)$ 的函数进行设置。

8.1.5 节会使用数值计算对训练集数据个数 N 引起的变化进行确认，结果如图 8-7 所示。以均值 $\mu=2$、方差 $\sigma^2=1$ 的正态分布为前提，然后使用随机生成的训练集对均值 μ 进行贝叶斯推断。先验分布 $P(\mu)$ 作为均值 $\mu_0=-1$、方差 $\sigma_0^2=1$ 的正态分布。在图 8-7 中，随着训练集数据个数 N 的增加，描绘出式（8.39）计算出的后验分布图像。图像内的点表示训练集含有的数据。

由图 8-7 可知，当训练集数据个数很少时，后验分布的均值（概率最大的点）不会超出先验分布，比真实的均值 $\mu=2$ 还小。不过，随着训练集数据个数增加，后验分布的均值也越来越接近真实均值。我们还可以知道，随着后验分布方差的减小，与推断相对应的置信度是增加的。

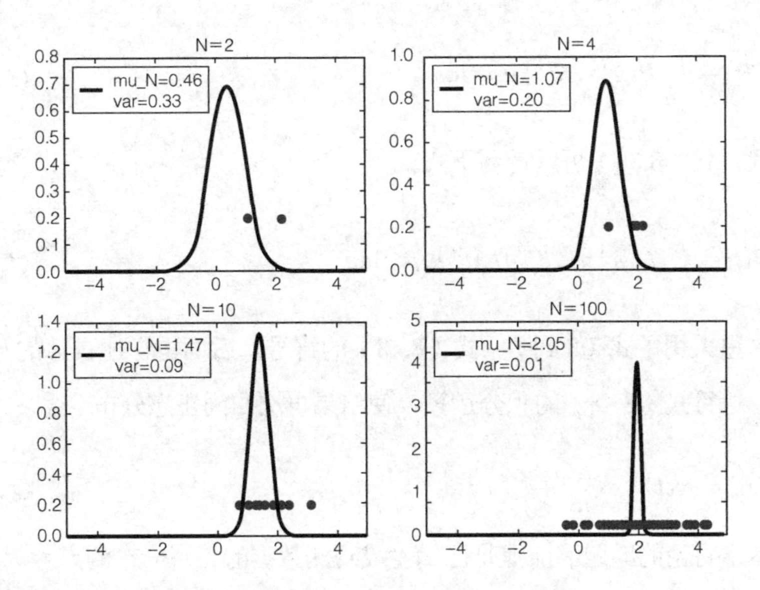

▲图 8-7 贝叶斯推断求出的均值 μ 的概率分布（后验分布）

8.1.4 使用贝叶斯推断确定正态分布：推断观测值分布

我们已经知道贝叶斯推断是以概率形式计算出参数值的。在前面例子中，我们最终得出了与所求均值 μ 对应的概率。不过，我们最想知道的并不是均值 μ，而是接下来得到的观测数据 t 的值。这就需要我们以过往数据为基础预测未来。

最首要的前提是从均值为 μ、方差为 σ^2 的正态分布得到观测数据。确定均值 μ 的值后，按照正态分布 $\mathcal{N}(t\mid\mu,\sigma^2)$ 预测后面将得到的数据值。不过，在这里无法唯一确定 μ 的值。只能用后验分布 $P(\mu\mid\mathbf{t})$ 来概括各个 μ 值对应的概率的分布情况。

此时，如果使用贝叶斯推断，接下来进行的操作为：将各个 μ 对应的正态分布$\mathcal{N}(t\mid\mu,\sigma^2)$作为各自概率$P(\mu\mid\mathbf{t})$的权重并求和。具体来说，就是通过下面的积分方式计算“下一个观测数据值为 t 的概率”：

$$P(t)=\int_{-\infty}^{\infty}P(\mu\mid\mathbf{t})\mathcal{N}(t\mid\mu,\sigma^2)\mathrm{d}\mu \tag{8.47}$$

将它代入式（8.39）可以得到下式：

$$P(t)=\int_{-\infty}^{\infty}\mathcal{N}(\mu\mid\mu_N,\beta_N^{-1})\mathcal{N}(t\mid\mu,\beta^{-1})\mathrm{d}\mu \tag{8.48}$$

这里采用了式（8.40）~ 式（8.43）的符号。后面再详述具体的计算过程，执行式（8.48）的积分运算，使结果再次回到正态分布。

$$P(t)=\mathcal{N}(t\mid\mu_N,\beta^{-1}+\beta_N^{-1}) \tag{8.49}$$

本章讨论的问题的前提是已知生成观测数据的正态分布的方差为β^{-1}。尽管如此，式（8.49）计算得到的 t 也仅是通过大小为β_N^{-1}的方差进行推断的。这也是不能肯定式（8.49）的均值μ_N与真实均值 μ 一致的原因。

后验分布$P(\mu\mid\mathbf{t})$具有的宽度大小为方差β_N^{-1}，并且均值μ_N也具有相同程度的误差，而预测出的下一个数据就具有该误差大小的方差。

此时，增大训练集数据个数 N，式（8.42）使得方差β_N^{-1}减小。当取极限值$N\to\infty$时，可从下式得出式（8.49）的方差为β^{-1}。

$$P(t)=\mathcal{N}(t\mid\mu_N,\beta^{-1}) \tag{8.50}$$

此时我们可以肯定地说，μ_N和真实均值 μ 是一致的，通过初始已知的方差β^{-1}可以实现对观测数据的预测。8.1.2 节最后说过，贝叶斯推断通过追加新的事实来提高置信度。计算结果完全印证了之前说过的内容。

最后，我们来进行式（8.48）的积分运算。

数学之家

首先将正态分布的概率密度代入式（8.48）。计算时用 Const 代表不依赖于 t 的常量。

$$P(t)=\mathrm{Const}\times\int_{-\infty}^{\infty}\exp\left\{-\frac{\beta_N}{2}(\mu-\mu_N)^2-\frac{\beta}{2}(t-\mu)^2\right\}\mathrm{d}\mu \tag{8.51}$$

用 K 代表式（8.51）中指数函数的中间部分，它是关于 μ 的二次函数。

$$\begin{aligned}K&=-\frac{\beta_N}{2}(\mu-\mu_N)^2-\frac{\beta}{2}(t-\mu)^2\\&=-\frac{1}{2}(\beta_N+\beta)\mu^2+(\beta_N\mu_N+\beta t)\mu-\frac{1}{2}(\beta_N\mu_N^2+\beta t^2)\\&=-\frac{\beta_N+\beta}{2}\left(\mu-\frac{\beta_N\mu_N+\beta t}{\beta_N+\beta}\right)^2+\frac{(\beta_N\mu_N+\beta t)^2}{2(\beta_N+\beta)}-\frac{1}{2}(\beta_N\mu_N^2+\beta t^2)\end{aligned} \tag{8.52}$$

将式（8.52）代入式（8.51），可以把不依赖于 μ 的项提到积分符号外面，变形为下式：

$$\begin{aligned}P(t)&=\mathrm{Const}\times\exp\left\{\frac{(\beta_N\mu_N+\beta t)^2}{2(\beta_N+\beta)}-\frac{1}{2}(\beta_N\mu_N^2+\beta t^2)\right\}\\&\quad\times\int_{-\infty}^{\infty}\exp\left\{-\frac{\beta_N+\beta}{2}\left(\mu-\frac{\beta_N\mu_N+\beta t}{\beta_N+\beta}\right)^2\right\}\mathrm{d}\mu\end{aligned} \tag{8.53}$$

这里把最后的积分设为 I，则可以从高斯积分的公式得出下面的常量：

$$I=\int_{-\infty}^{\infty}\exp\left\{-\frac{\beta_N+\beta}{2}\left(\mu-\frac{\beta_N\mu_N+\beta t}{\beta_N+\beta}\right)^2\right\}\mathrm{d}\mu=\sqrt{\frac{2\pi}{\beta_N+\beta}} \tag{8.54}$$

高斯积分表示的如下关系在一般情况下都成立。这与关系式（1.4）表示正态分布的全概率为 1 可以说是一样的。

$$\int_{-\infty}^{\infty}\exp\left\{-\frac{\beta}{2}(x-\mu)^2\right\}\mathrm{d}x=\sqrt{\frac{2\pi}{\beta}} \tag{8.55}$$

令式（8.53）前半部分指数函数的中间部分为 J，变形后得出下式：

$$
\begin{aligned}
J &= \frac{(\beta_N\mu_N+\beta t)^2}{2(\beta_N+\beta)} - \frac{1}{2}(\beta_N\mu_N^2+\beta t^2) \\
&= -\frac{\beta_N\beta}{2(\beta_N+\beta)}t^2 + \frac{\beta_N\beta\mu_N}{\beta_N+\beta}t + \text{Const} \\
&= -\frac{1}{2(\beta^{-1}+\beta_N^{-1})}(t-\mu_N)^2 + \text{Const}
\end{aligned} \tag{8.56}
$$

将式（8.54）和式（8.56）映射到式（8.53），得到下式：

$$
P(t) = \text{Const} \times \exp\left\{-\frac{1}{2(\beta^{-1}+\beta_N^{-1})}(t-\mu_N)^2\right\} \tag{8.57}
$$

它表示 $P(t)$ 为均值为 μ_N、方差为 $\beta^{-1}+\beta_N^{-1}$ 的正态分布，由此可得出式（8.49）。

8.1.5 示例代码的确认

本节使用示例代码 08-bayes_normal.py，用数值计算确认之前的结果。示例代码备有均值为 $\mu=2$、方差为 $\sigma^2=1$ 的正态分布，然后使用随机取得的训练集进行均值 μ 的贝叶斯推断。先验分布 $P(\mu)$ 采用均值为 $\mu_0=-1$、方差为 $\sigma_0^2=1$ 的正态分布。从正态分布取得 100 个数据后，依次从开头分别取 2、4、10、100 个训练集数据进行计算，并表示出相应的结果。

按照下面的顺序执行示例代码，再加上之前的图 8-7，运行结果如图 8-8 所示。

```
$ ipython Enter
In [1]: cd ~/ml4se/scripts Enter
In [2]: run 08-bayes_normal.py Enter
```

图 8-7 描绘的图像是均值 μ 的后验分布 $P(\mu|\mathbf{t})$。图像内的“mu_N”和“var”分别表示后验分布的均值 μ_N、方差 β_N^{-1} 的值。图像内的各点表示推断过程中使用的训练集数据。

当数据个数 N 很少时，图像顶点不会超过先验分布的均值 $\mu_0=-1$，μ_N 的值比真实均值 $\mu=2$ 还小。随着数据个数 N 的增加，顶点也逐渐靠近真实均值 $\mu=2$。同时，方差 β_N^{-1} 也在减小，集中分布在 μ_N 附近。随着数据个数的增加，推断结果的置信度也提高了。

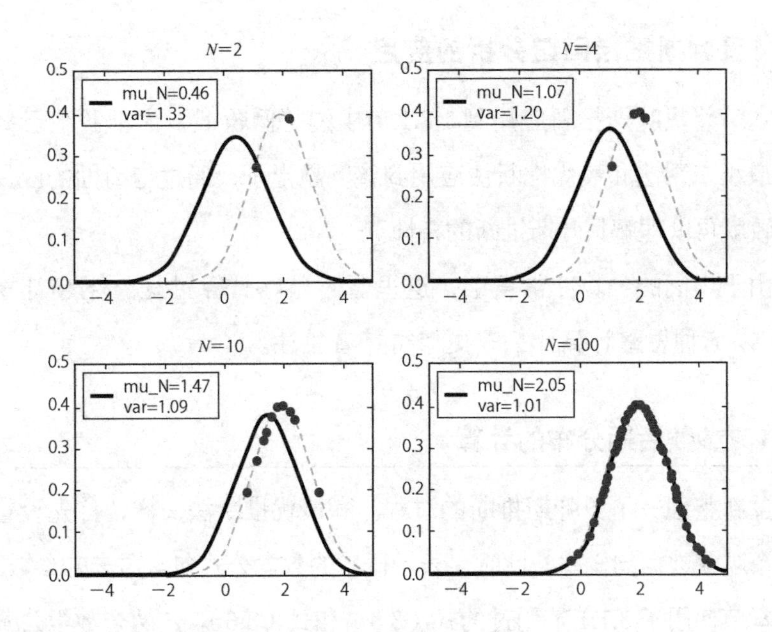

▲图 8-8 贝叶斯推断求出的观测数据的概率分布

接着，以后验分布 $P(\mu\,|\,\mathbf{t})$ 为基础，图 8-8 描绘了式（8.47）计算得到的“下一个观测数据 t 的概率 $P(t)$”的图像。这就是式（8.49）的正态分布图像。实线图像为推断出的概率 $P(t)$，虚线图像表示所取训练集数据的真实分布。虚线图像上的点表示推断时使用的训练集数据。图像内的“mu_N”和“var”分别表示概率 $P(t)$ 的均值 μ_N 和方差 $\beta^{-1}+\beta_N^{-1}$ 的值。

概率 $P(t)$ 以后验分布的均值 μ_N 为中心构成图像，当数据个数很少时，其方差比真实分布有很大程度的扩散。虽然推断出的均值 μ_N 偏离真

实均值 μ，但方差的扩散程度与均值的偏离程度相同，因此我们可以认为最终实现了修正错误的效果。

贝叶斯推断用后验分布表示参数的推断结果，与只能提供单一推断值的最优推断法对比，我们便可以更充分地理解其原理。

8.2 贝叶斯推断回归分析的应用

本节将贝叶斯推断应用到 1.3.1 节中的“例题 1”。之前我们已经成功将最小二乘法和最优推断法应用到该问题上了，通过与前面的应用进行比较就可以理解贝叶斯推断的特性。

由于中间的计算非常复杂，这里暂时省略计算过程。比起计算本身，“以何种思路计算什么”更值得读者关注。

8.2.1 参数后期分布的计算

重新整理一下贝叶斯推断的过程。和最优推断法一样，首先设置取得某个观测数据的概率。此时，表示概率的数学公式包含了未知参数。

本节使用了 3.1.1 节用过的式（3.5）和式（3.6）。这两个数学公式表示基于观测点x_n的观测值 t 的概率。正态分布的方差为$\sigma^2=\beta^{-1}$。

$$\mathcal{N}(t \mid f(x_n), \beta^{-1})=\sqrt{\frac{\beta}{2\pi}}\,\mathrm{e}^{-\frac{\beta}{2}\{t-f(x_n)\}^2} \tag{8.58}$$

$$f(x)=\sum_{m=0}^{M} w_m x^m \tag{8.59}$$

观测点 x 和观测值 t 之间存在着式（8.59）所示的 M 次多项式关系，观测值 t 按照以$f(x)$为中心、方差为β^{-1}的正态分布散布。多项式$\{w_m\}_{m=0}^{M}$为未知参数，以向量表示为$\mathbf{w}=(w_0,\cdots,w_M)^{\mathrm{T}}$。另外，为了简化计算，设置初始已知正态分布$\beta^{-1}$为特定值。

接下来是未知参数 $\mathbf{w}$ 对应的概率分布。先验分布$P(\mathbf{w})$为没有任何前提条件情况下的概率，由前面的叙述可知，当训练集数据个数 N 足够多时，适当地确定其大小也是可以的。这里假定正态分布的均值为 0、方差为α^{-1}。

$$P(\mathbf{w})=\mathcal{N}(\mathbf{w}\mid\mathbf{0},\alpha^{-1}\mathbf{I})=\left(\frac{\alpha}{2\pi}\right)^{(M+1)/2}\exp\left(-\frac{\alpha}{2}\mathbf{w}^{\mathrm{T}}\mathbf{w}\right) \tag{8.60}$$

需要注意的是式（8.60）为多变量的正态分布。其一般定义和 1.3.1 节中的式（1.8）一样。式（8.60）表示各个w_m遵循均值为 0、方差为α^{-1}的正态分布。符号 $\mathbf{I}$ 表示单位矩阵。

接着，在确定参数 $\mathbf{w}$ 时，需要考虑得到训练集的观测值$\mathbf{t}=(t_1,\cdots,t_N)^{\mathrm{T}}$的概率。这里和 3.1.2 节中使用的式（3.8）一样。

$$\begin{aligned}P(\mathbf{t}\mid\mathbf{w})&=\mathcal{N}(t_1\mid f(x_1),\beta^{-1})\times\cdots\times\mathcal{N}(t_N\mid f(x_N),\beta^{-1})\\&=\prod_{n=1}^{N}\mathcal{N}(t_n\mid f(x_n),\ \beta^{-1})\\&=\left(\frac{\beta}{2\pi}\right)^{\frac{N}{2}}\exp\left[-\frac{\beta}{2}\sum_{n=1}^{N}\{f(x_n)-t_n\}^2\right]\end{aligned} \tag{8.61}$$

此处需要关注的重点是以确定参数 $\mathbf{w}$ 为前提的条件概率。完成以上准备后，使用贝叶斯定理可以计算后验分布$P(\mathbf{w}\mid\mathbf{t})$：

$$P(\mathbf{w}\mid\mathbf{t})=\frac{P(\mathbf{t}\mid\mathbf{w})}{\int_{-\infty}^{\infty}P(\mathbf{t}\mid\mathbf{w}')P(\mathbf{w}')\mathrm{d}\mathbf{w}'}P(\mathbf{w}) \tag{8.62}$$

上式表示以观测数据 $\mathbf{t}$ 为基础更新参数 $\mathbf{w}$ 的概率。分母的积分为多变量的积分（多重积分）。不过，这部分是不依赖于 $\mathbf{w}$ 的常量，可以视为概率$P(\mathbf{w}\mid\mathbf{t})$的标准化常量 Z（满足全概率为 1 条件确定的常量）。

$$P(\mathbf{w}\mid\mathbf{t})=\frac{1}{Z}P(\mathbf{t}\mid\mathbf{w})P(\mathbf{w}) \tag{8.63}$$

将式（8.60）和式（8.61）代入式（8.63），提取依赖于 **w** 的项，得到下式，其中 Const 为不依赖于 **w** 的常量。

$$P(\mathbf{w}\mid\mathbf{t})=\text{Const}\times\exp\left[-\frac{\beta}{2}\sum_{n=1}^{N}\{f(x_n)-t_n\}^2-\frac{\alpha}{2}\mathbf{w}^{\mathrm{T}}\mathbf{w}\right] \tag{8.64}$$

然后，由此提取后验分布$P(\mathbf{w}\mid\mathbf{t})$最大化时确定参数 **w** 的条件。理想情况是指数函数的中间部分达到最大，这一条件可根据下式中的误差函数 E 达到最小时来确定。

$$E=\frac{\beta}{2}\sum_{n=1}^{N}\{f(x_n)-t_n\}^2+\frac{\alpha}{2}\mathbf{w}^{\mathrm{T}}\mathbf{w} \tag{8.65}$$

式（8.65）的第一项在形式上和最小二乘法使用的误差函数 E_{D} 是一样的。误差函数 E_{D} 来自 2.1.2 节中的式（2.3）。因此，如果假设$\alpha=0$，就可以得到和最小二乘法一样的 **w**。而$\alpha>0$时，随着 **w** 绝对值的增大，第二项的影响使得误差 E 也增大。也就是说，和最小二乘法的结果相比，绝对值小的 **w** 概率反而高。

实际上，这是先验分布造成的影响。假设的先验分布是均值为 0 的正态分布，在不超过这个范围的前提下推断出的 **w** 也接近于 0。此时减小 α，第二项的影响也减小。这就与先验分布的方差α^{-1}增大使得先验分布的影响减小对应起来了。与前一节的问题一样，取极限值$\alpha\to 0$时得到与最优推断法相同的结果。

不过，对于这个问题，式（8.65）的第二项的重要作用是抑制过度拟合现象。在第 2 章讨论最小二乘法时说过，多项式次数增加会导致过度拟合现象的发生。例如，训练集数据个数$N=10$，令多项式次数

$M=9$，参数 $\mathbf{w}$ 会使得多项式 $f(x)$ 对所有数据都进行“过度调整”。实际上，这个“过度调整”是由参数值极端增大造成的。

2.1.4 节中的图 2-3 表示通过数值计算求出的实际参数值。由此可知，确定为 $M=9$ 时，高次系数的绝对值会极端增大。结果和图 2-2 中的 $M=9$ 的例子一样，多项式 $f(x)$ 的图像沿上下方向大幅度变化。要注意，问题的思考范围限制在 $0 \leqslant x \leqslant 1$ 区间内，如果不增大系数，那么 $f(x)$ 的值也不会发生相应程度的变化。

那么，在使用贝叶斯推断时，利用先验分布抑制 $\mathbf{w}$ 的绝对值过度增大，通过抑制多项式值的变动来达到调整过度拟合现象发生目的。不过，抑制程度由设置的 α 值决定，我们需要根据期望抑制过度拟合的程度来调整 α 值。

至此，我们已经知道了后验分布 $P(\mathbf{w}\mid\mathbf{t})$ 最大化时 $\mathbf{w}$ 的情况，但也需要理解后验分布整体形态。虽然省略了计算过程，但式（8.64）中指数函数的中间部分为关于 $\mathbf{w}$ 的二次函数，进行一定的变形后，它可表示为下面的正态分布：

$$P(\mathbf{w}\mid\mathbf{t})=\mathcal{N}\left(\mathbf{w}\,\middle|\,\beta\mathbf{S}\sum_{n=1}^{N}t_n\boldsymbol{\phi}(x_n),\mathbf{S}\right) \tag{8.66}$$

多变量正态分布的方差 $\mathbf{S}$ 为矩阵形式（方差同方差矩阵）。本节的逆矩阵 $\mathbf{S}^{-1}$ 定义为下式：

$$\mathbf{S}^{-1}=\alpha\mathbf{I}+\beta\sum_{n=1}^{N}\boldsymbol{\phi}(x_n)\boldsymbol{\phi}(x_n)^{\mathrm{T}} \tag{8.67}$$

$\boldsymbol{\phi}(x)$ 表示由 $0\sim M$ 次方的 x 构成的向量。

$$\phi(x)=\begin{pmatrix} x^0 \\ x^1 \\ \vdots \\ x^M \end{pmatrix} \tag{8.68}$$

8.2.2 观测值分布的推断

一旦确定了参数的后验分布，就可以用它来计算下一个观测数据的概率，计算方式与 8.1.4 节中式（8.47）的计算相同。

确定参数 $\mathbf{w}$ 时，对于特定观测点 x，由式（8.58）的正态分布 $\mathcal{N}(t\mid f(x),\beta^{-1})$ 计算得到观测值 t 的概率。它是各个 $\mathbf{w}$ 对应的后验分布 $P(\mathbf{w}\mid\mathbf{t})$ 以相应权重求出的和。本节采用参数 $\mathbf{w}$ 的多重积分形式：

$$P(x,t)=\int_{-\infty}^{\infty}P(\mathbf{w}\mid\mathbf{t})\mathcal{N}(t\mid f(x),\beta^{-1})\mathrm{d}\mathbf{w} \tag{8.69}$$

注意，式（8.69）表示观测点 x 和观测值 t 之间的函数关系。将式（8.66）的结果代入式（8.69），可以得到和式（8.48）一致的由两个正态分布合成的积分。

$$P(x,t)=\int_{-\infty}^{\infty}\mathcal{N}\left(\mathbf{w}\,\middle|\,\beta\mathrm{S}\sum_{n=1}^{N}t_n\phi(x_n),\mathrm{S}\right)\mathcal{N}(t\mid f(x),\beta^{-1})\mathrm{d}\mathbf{w} \tag{8.70}$$

对于这样的积分，一般有下式成立：

$$\int_{-\infty}^{\infty}\mathcal{N}(\mathbf{w}\mid\boldsymbol{\mu},\mathrm{S})\mathcal{N}(t\mid\mathbf{a}^{\mathrm{T}}\mathbf{w},\beta^{-1})\mathrm{d}\mathbf{w}=\mathcal{N}(t\mid\mathbf{a}^{\mathrm{T}}\boldsymbol{\mu},\beta^{-1}+\mathbf{a}^{\mathrm{T}}\mathrm{S}\mathbf{a}) \tag{8.71}$$

在这里，如果注意到 $f(x)=\phi(x)^{\mathrm{T}}\mathbf{w}$，并将下式代入式（8.71），即可求出式（8.70）。

$$\boldsymbol{\mu} = \beta \mathbf{S} \sum_{n=1}^{N} t_n \boldsymbol{\phi}(x_n) \tag{8.72}$$

$$\mathbf{a} = \boldsymbol{\phi}(x) \tag{8.73}$$

结果使得$P(x,t)$变为如下形式的正态分布：

$$P(x,t) = \mathcal{N}(t \mid m(x),\ s(x)) \tag{8.74}$$

下面定义了正态分布的均值$m(x)$和方差$s(x)$：

$$m(x) = \beta \boldsymbol{\phi}(x)^{\mathrm{T}} \mathbf{S} \sum_{n=1}^{N} t_n \boldsymbol{\phi}(x_n) \tag{8.75}$$

$$s(x) = \beta^{-1} + \boldsymbol{\phi}(x)^{\mathrm{T}} \mathbf{S} \boldsymbol{\phi}(x) \tag{8.76}$$

它们简单地表示了“在确定了观测点后，该观测点遵循均值为$m(x)$、方差为$s(x)$的正态分布”的结论。需要注意的是，式（8.75）和式（8.76）的右边包含了训练集数据$\{(x_n,\ t_n)\}_{n=1}^{N}$。以训练集为基础推断接下来的数据就是对关系式（8.74）~ 式（8.76）的体现。

8.2.3 示例代码的确认

本节使用示例代码进行数值计算，并用图像表示出实际结果。仅通过数学公式是无法理解相应内容的，通过图像可以直观地理解到底发生了什么。

首先用图像表示出式（8.74）的分布情况。按照3.1.1节中图3-3所示的方式，表示出各个观测点 x 对应的观测值 t 的分散情况，其含义是以$m(x)$为中心、在$\pm\sqrt{s(x)}$范围内散布排列。与方差$s(x)$对应的$\sqrt{s(x)}$被称为标准差。这样通过描绘出$y = m(x)$以及$y = m(x) \pm \sqrt{s(x)}$这三种类型的图像，即可了解每个观测点的分散情况。

示例代码 08-bayes_regression.py 根据下面条件绘制以上图像。首先，和“例题 1”的前提一样，训练集$\{(x_n,t_n)\}_{n=1}^{N}$是将均值为 0、标准差为 0.3 的正态分布加到正弦函数$y=\sin(2\pi x)$上生成的。推断时使用的多项式次数为$M=9$，先验分布$P(\mathrm{w})$的方差为$\alpha^{-1}=10000$。

按照下面的顺序执行示例代码，可以得到如图 8-9 和图 8-10 所示的图像。

```
$ ipython Enter
In [1]: cd ~/ml4se/scripts Enter
In [2]: run 08-bayes_regression.py Enter
```

这里重点关注图 8-9。它表示观测点x_n的个数 N 按照 4、5、10、100 的顺序变化时，在上述条件下运用贝叶斯推断的结果。实线图像为推断出的均值$y=m(x)$，它上下的虚线图像由标准差加上$\pm\sqrt{s(x)}$构成。另外，最细的虚线表示代表真实均值的正弦函数$y=\sin(2\pi x)$。

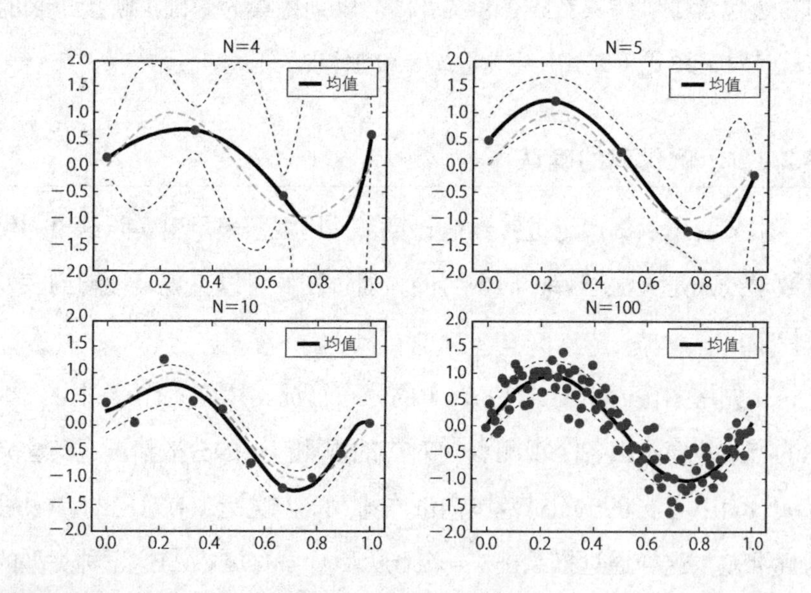

▲图 8-9　贝叶斯推断求出的观测数据的宽度

从图 8-9 的结果可以归纳出以下事实：

- 观测点少时，推断出的均值会在很大程度上偏离真实均值，不过方差只会增大相同大小，真实均值大体可以收敛到标准差范围内；
- 观测点增多时，标准差逐渐减小，数据足够多时则会收敛到原本大小就为 0.3 的标准差附近；
- 受先验分布的影响，过度拟合现象得到抑制，即使$N = 10$，也不会出现穿过所有点的图像。

虽然已经得到了最想要的结果，但还有一点需要注意。观察$N = 4$的图像可知，远离观测点部分的标准差变得非常大。为了理解其中的原因，对于特定参数 $\mathbf{w}$，需要描绘出由式（8.59）确定的多项式$f(x)$的图像。

回忆贝叶斯推断的过程，使用训练集首先计算出的是参数 $\mathbf{w}$ 的后验分布$P(\mathbf{w} \mid \mathbf{t})$。依据这个概率确定参数 $\mathbf{w}$，并以此确定对应的多项式$f(x)$，也就是用概率描述后验分布的各种$f(x)$的可能性。那么，根据后验分布$P(\mathbf{w} \mid \mathbf{t})$的概率，随机选取几个参数 $\mathbf{w}$ 并描绘出对应的多项式$f(x)$的图像，就可以得到如图 8-10 所示的图像。

本节的示例代码使用描绘图 8-9 中各图像时计算出的后验分布$P(\mathbf{w} \mid \mathbf{t})$，根据它的概率随机确定参数 $\mathbf{w}$。确定 4 种 $\mathbf{w}$ 值后再描绘对应的 4 种多项式的图像。实线图像和之前的均值$y = m(x)$一样，虚线图像为各个多项式。

由此可知，N很小时，各个多项式的图像会发生大幅度变化。参数 $\mathbf{w}$ 会以穿过各个观测点x_n附近数据的方式进行调整，观测点以外的地方变动尤其大。因此，图 8-9 中远离观测点的地方标准差变得很大。我们可以把实线表示的均值图像理解为对这些变动进行均值化处理并由其中心部分连接组成的图像。

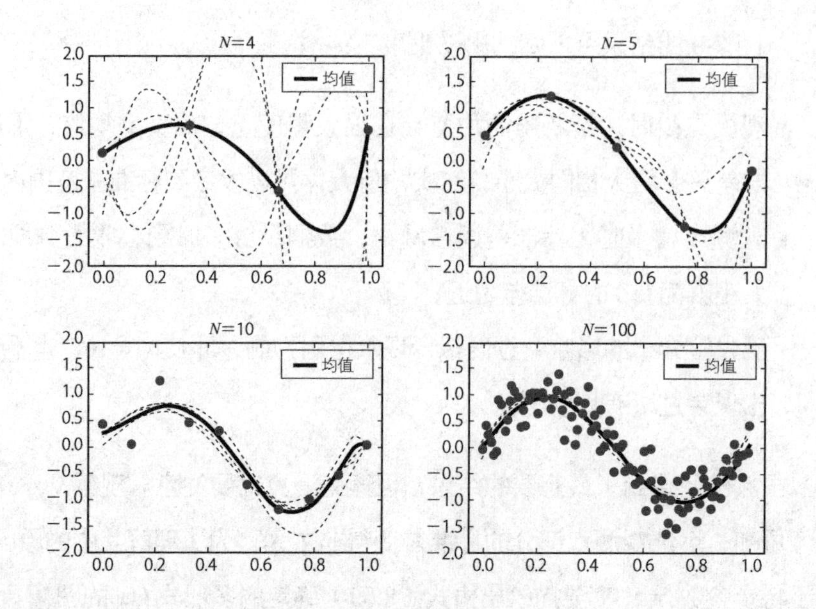

▲图 8-10　使用贝叶斯推断概率性得出多项式的示例

8.3 附录：最优推断法和贝叶斯推断的关系

至此，我们的讨论已经指出，对于特殊情况的贝叶斯推断，有可能得到和最优推断法相同的结果。那么，对于一般情况，我们可以说：当数据个数 N 十分大，后验分布不受先验分布影响时，后验分布最大化时的参数和最优推断法得到的参数一致。

我们可以从后验分布的计算公式，用数学的方式表示上述结论。以 8.1.3 节中的式（8.27）为例：

$$P(\mu\mid\mathbf{t})=\frac{P(\mathbf{t}\mid\mu)}{\int_{-\infty}^{\infty}P(\mathbf{t}\mid\mu')P(\mu')\mathrm{d}\mu'}P(\mu) \tag{8.77}$$

右边分母中的积分为不依赖于 μ 的常量，令它为 Z，则该式可改写为如下形式：

$$P(\mu \mid \mathbf{t}) = \frac{1}{Z} P(\mathbf{t} \mid \mu) P(\mu) \tag{8.78}$$

该式右边的$P(\mathbf{t} \mid \mu)$表示特定 μ 对应的取得训练集数据 $\mathbf{t}$ 的概率，也就是最优推断法中的似然函数。因此，假设先验分布$P(\mu)$为不依赖于 μ 的常量，后验分布$P(\mu \mid \mathbf{t})$最大化时的 μ 就和似然函数最大化时的 μ（即最优推断法得出的推断值）一致了。

对于更一般的由 μ 的变化给后验分布$P(\mu \mid \mathbf{t})$造成的影响，当$P(\mathbf{t} \mid \mu)$比$P(\mu)$的支配性更强时，上述结论也成立。其含义表明，我们可以认为贝叶斯推断是最优推断法的扩展。

另外，之前说过“在某种程度内是可以自定义先验分布的”，这也是相同条件下（似然函数对后验分布的影响占主导地位）的正规化过程。对于实际问题，尽量选择能够简化式（8.87）计算的$P(\mu)$，通常使用所谓“共轭先验分布”进行计算。

共轭先验分布是将（8.78）式计算出的后验分布$P(\mu \mid \mathbf{t})$变为与先验分布$P(\mu)$相同的函数形式，这是一种性能良好的函数。例如，在 8.1.3 节中，我们把正态分布式（8.28）假设为先验分布，结果使得后验分布也无缝转变为正态分布式（8.39）。这就是共轭先验分布的例子。

数学上对于范围更广的概率分布，可以具体掌握共轭先验分布的形态。在 8.1.3 节中，我们把正态分布的方差σ^2作为已知，只推断均值 μ 的大小，而使用共轭先验分布可能同时也会推断出方差的大小。作为参考，下面简单表示计算流程。

首先，对于式（8.26）计算出的似然函数，将均值 μ 和方差σ^2作为未知参数。这里令$\lambda = 1/\sigma^2$。

$$P(\mathbf{t} \mid \mu, \lambda) = \prod_{n=1}^{N} \mathcal{N}(t_n \mid \mu, \lambda^{-1}) \tag{8.79}$$

此时，贝叶斯定理式（8.78）表示为如下形式：

$$P(\mu,\lambda\mid\mathbf{t})=\frac{1}{Z}P(\mathbf{t}\mid\mu,\lambda)P(\mu,\lambda) \tag{8.80}$$

这里用双变量函数 μ 和 λ 表示先验分布 $P(\mu,\lambda)$ 和后验分布 $P(\mu,\lambda\mid\mathbf{t})$ 之间的关系。将式（8.79）代入式（8.80）时，如果双变量概率分布 $P(\mu,\lambda)$ 能使 $P(\mu,\lambda)$ 和 $P(\mu,\lambda\mid\mathbf{t})$ 变为相同的函数形式，那么这就是共轭先验分布。

我们已经知道，在这种情况下的共轭先验分布 $P(\mu,\lambda)$ 可由下面的“高斯 － 伽马分布”得出。任意常量 $\mu_0,\beta_0>0,b>0$ 确定了分布的形状。

$$\begin{aligned}P(\mu,\lambda)&=\mathcal{N}(\mu\mid\mu_0,(\beta_0\lambda)^{-1})\mathrm{Gam}\left(\lambda\,\middle|\,1+\frac{\beta_0}{2},b\right)\\&=\mathrm{Const}\times\exp\left\{-\frac{\beta_0\lambda}{2}(\mu-\mu_0)^2\right\}\times\lambda^{\frac{\beta_0}{2}}\mathrm{e}^{-b\lambda}\end{aligned} \tag{8.81}$$

后面虽然省略了之前的计算过程，但使用上式也可以将后验分布 $P(\mu,\lambda\mid\mathbf{t})$ 表现为与“高斯 － 伽马分布”相同的形式。而且与 8.1.4 节中式（8.47）差不多的计算过程变形为叠加了“高斯 － 伽马分布”和正态分布的积分形式：

$$P(t)=\int P(\mu,\lambda\mid\mathbf{t})\mathcal{N}(t\mid\mu,\lambda^{-1})\mathrm{d}\mu\,\mathrm{d}\lambda \tag{8.82}$$

以上积分使用了被称为“学生 t 分布”的函数来推进计算。像这种使用共轭先验分布的例子使得我们可以利用已知数学性质的函数来达到推进计算的目的。

不过，对于需要解决的实际问题，读者可能会疑惑是否真的自然就会选择先验分布这种处理方式，这时可以优先考虑从“如何实际推进计算”这个方面入手。如 3.1.1 节中的图 3-4 所示，首先必须建立一个假设，然后以此构建能够深入分析数学性质的模型。

后　记

本人供职的企业的主业是促进业务系统开源程序的广泛应用，所以并不需要每天都直接和机器学习打交道。我对机器学习的理论认知源于大学时代学习的统计学（统计物理学）知识，以及基于个人兴趣在业余时间学习的知识。在这个过程中，我意识到行业对“以机器学习为必备业务技能”这类 IT 工程师的需求量将逐渐增大，因此我想通过这本书将机器学习的基础知识介绍给广大同仁。

当今时代，机器学习的相关工具和程序库都是开源的，任何人都可以自由地使用。同时，我也坚信，其背后隐藏的理论原理也是必须公开给所有人的。机器学习能够利用高等数学理论解决现实世界中的问题，它也是刺激 IT 工程师的知识探索之心的最佳素材。如果你能体会到机器学习的趣味，那么很快也能明白“学校式的数学教育对社会实践完全没有用”是一种完全错误的想法。

我衷心希望本书能够让广大读者通过重新学习数学掌握高层次的机器学习理论。

版权声明

好书推荐

基本信息

书名：《智能的本质——人工智能与机器人领域的64个大问题》
作者：[美] 皮埃罗 · 斯加鲁菲（Piero Scaruffi）著
ISBN：978-7-115-44378-6
页码：248页
出版社：人民邮电出版社

《硅谷百年史》作者，斯坦福、伯克利客座教授皮埃罗 · 斯加鲁菲巅峰作品
解释深度学习、神经网络、暴力计算型人工智能等技术的算法和本质
以常识和发展史解释人工智能技术的现实与未来趋势

内容介绍

作者从常识出发，对人工智能和机器人表达了很多“令人惊讶”而又让人深思的观点。

· 如果机器可以打造一个更美好的世界，这个世界为什么还需要我们？
· 深度学习是学习人类做过（过去时）的事情的技术。
· 在陪伴老年人方面，迄今为止最先进的机器人都不如狗做得好。
· 永生终将成为一种待价而沽或是可租可借的服务，就像目前的云计算服务一样。
· 当我们研究如何创建智能机器时，我们指的是真正的“智能”还是“以愚蠢的方式服务于人类的智能”？
· 机器人类化的计划尚未成功，而人类的机器化则成果斐然。
· 世界上还没有能创造另一个更高级机器的机器，是我们创造了更好的机器。
· 有两种方式可以实现图灵测试：第一种，使机器变得像人一样聪明；第二种，使人变得像机器一样愚蠢。

……

作者介绍

皮埃罗 · 斯加鲁菲（Piero Scaruffi）

· 斯坦福大学和平创新实验室顾问（Stanford peace innovation LAB）；
· 毕业于意大利都灵大学数学系；
· 20世纪80年代初来到硅谷，创办奥利维蒂公司的人工智能中心；
· 哈佛大学人工智能研究项目访问学者；
· 斯坦福、伯克利客座教授，讲授认知论、心性学等；
· 研究项目涉及自适应系统、认知科学、专家系统、神经网络、自然语言处理等；
· 北京他山石智库首席科技顾问，中国美院客座教授。